项目引领、任务驱动系列化教材

电工电子技术

主　编　苑　红
副主编　李　薇　袁素莉

国防工业出版社
·北京·

内容简介

作者根据多年的电子技术类专业教学经验,在"以工作过程为导向"的课程开发过程中,依据计算机硬件维修典型工作任务和岗位核心技能,将电工基础、电子工艺、模拟电路、数字电路的相关知识和技能进行了重新编排和组合,选择多种电子产品组装与维修为学习载体。本书共分4个学习单元、8个学习项目,通过完成电源接线板、直流稳压电源、LED照明灯、心形18管LED循环灯、调频调幅收音机、开关电源、三人表决器和数字钟等产品的制作与维修,使学习者掌握相关的专业知识和专业技能,为进一步学习计算机硬件维修打下基础。

本书可供职业学校计算机类、电子技术类专业学生和计算机维修爱好者学习和参考。

图书在版编目(CIP)数据

电工电子技术/苑红主编.—北京:国防工业出版社,2015.4

ISBN 978-7-118-10000-6

Ⅰ.①电... Ⅱ.①苑... Ⅲ.①电工技术②电子技术 Ⅳ.①TM②TN

中国版本图书馆CIP数据核字(2015)第056169号

※

国防工業出版社 出版发行

(北京市海淀区紫竹院南路23号 邮政编码100048)

三河市腾飞印务有限公司印刷

新华书店经售

*

开本 787×1092 1/16 印张 11¾ 字数 249 千字

2015年4月第1版第1次印刷 印数 1—3000册 定价 32.00元

国防书店:(010)88540777 发行邮购:(010)88540776

发行传真:(010)88540755 发行业务:(010)88540717

前　言

北京市信息管理学校是国家级改革发展示范校，计算机与数码产品维修专业是示范校重点建设项目之一。该专业坚持走工学结合之路，在课程体系建设过程中，完成了所有核心专业课的开发工作，课程内容以工作过程为导向，对典型工作任务进行分析，按照工作项目划分教学内容，采用任务驱动教学方法引领专业教学，注重对学生实践能力的培养，这正是计算机与数码产品维修专业人才培养的目标。

本书将8个实训项目整合成4个学习单元，选择多种电子产品作为载体进行项目式教学，将必要的知识点融入相应的学习项目中，以过程性知识为主、陈述性知识为辅，充分体现了教、学、做合一，学、做一体的教学新理念，在学习过程中培养学生的专业技术能力、方法能力和社会能力，提高学生解决实际问题的综合职业能力。

本书内容的编排采用递进式的结构，版面形式新颖、图文并茂、可读性强、文字精练、通俗易懂，适合职业学校的学生和计算机维修爱好者使用，也可作为技能培训机构的教学用书。

本书在编写过程中参考了大量文献资料，在此特向原作者表示敬意和感谢，同时对中盈创信公司王建云、申建国等工程师对本书编写工作给予的大力支持表示感谢。

由于作者水平与经验有限，书中错误和不足之处难免，恳请广大读者提出宝贵意见。

编　者

目　　录

学习单元一　搭建电源电路

学习单元二　搭建阻容应用电路

学习单元三　搭建晶体管应用电路

学习单元四　搭建数字集成芯片应用电路

学习单元一　搭建电源电路

项目一　制作电源接线板

项目描述

这个学习项目是通过组装一个电源接线板，让大家了解“电”的相关知识，学习使用数字万用表和验电笔检测交流电，学会使用常用工具，熟悉电子焊接的焊料与助焊剂特性，练习电子焊接技术。

在制作“电源接线板”的过程中，熟悉常用导线的种类、规格和应用，练习导线的剥削、线头的加工及焊接方法，了解交流电源插座结构，学会电源接线板质量检测方法。

【项目目标】

(1) 掌握电源接线板的结构和交流电特性。
(2) 学会用验电笔、万用表检测交流电的方法。
(3) 掌握常用电工工具的使用方法。
(4) 掌握焊接工具、焊料与助焊剂的特性及使用方法。
(5) 能够完成电源接线板的组装。
(6) 学会使用数字万用表检验电源接线板的好坏。
(7) 具备正确接受任务和执行任务的能力。

实训室使用规则

安全用电是电工电子实训中不可忽视的问题，为确保人身安全和设备安全，进入实训室必须遵守以下规则：

(1) 学生进入实训室前，要穿戴好工服，进入实训室后，应按学号在指定工作台就坐，将随身物品放置在指定地点。

(2) 未经教师允许，不得随意走动和随便调换座位，实训前检查实训台及相关设备情况，发现问题及时反映给指导教师。

(3) 实训过程中，要严格按照实训指导书规定的实训步骤进行，学生不得接近和操作总电源，不随意触摸仪器设备带电部分。

(4) 使用操作仪器设备前，做到充分了解仪器设备使用方法及操作注意事项，发现设备有异常(如声响、发热、冒烟、焦臭) 等现象，应立即切断工作台电源，保护人员及现场，报告指导老师。

(5) 严格遵守“先接线后通电，先断电后拆线”的操作程序。

(6) 在接触对静电敏感的设备之前，注意做好静电防护。

(7) 实训完成后，认真检查仪器设备的状态，如实填写实训记录册。

(8) 准备离开实训室时，应将所用的工具、材料、设备、桌椅等归类摆放整齐，保持工作台面整洁，待指导教师检查后，经允许方可离开。

任务一　组装电源接线板机械部分

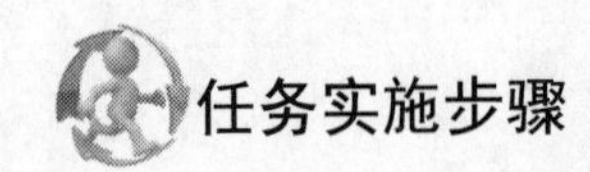

任务实施步骤

第一步：清点配件

第二步：剥离电线绝缘层

第三步：组装电源接线板插头

第四步：电源接线板板内部机械部分组装

第一步：清点配件

1．电源接线板实物说明

电源接线板包括接线板部分、接线板插头部分、缆线三部分，如图 1-1-1 所示。

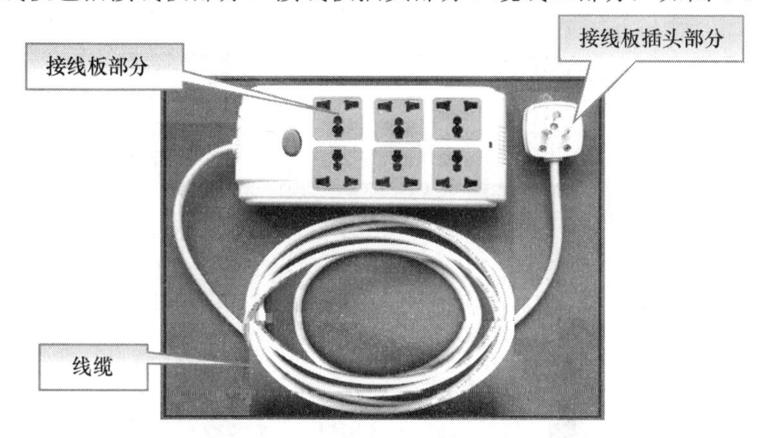

图 1-1-1　电源接线板实物图

2．配件清单

本任务所需制作的接线板套件实物如图 1-1-2 所示。

图 1-1-2　电源接线板套件实物照片

(1) 接线板部分配件组成，如表 1-1-1 所列。

表 1-1-1　接线板部分配件表

序号	名称	数量	单位
1	接线板外壳	1	套
2	卡扣簧片	6	套
3	导线	3	根

(续)

序号	名称	数量	单位
4	开关	1	个
5	连接柱	1	个
6	红色发光二极管	1	支
7	螺丝	12	个

(2) 电源插头，如图 1-1-3 所示。

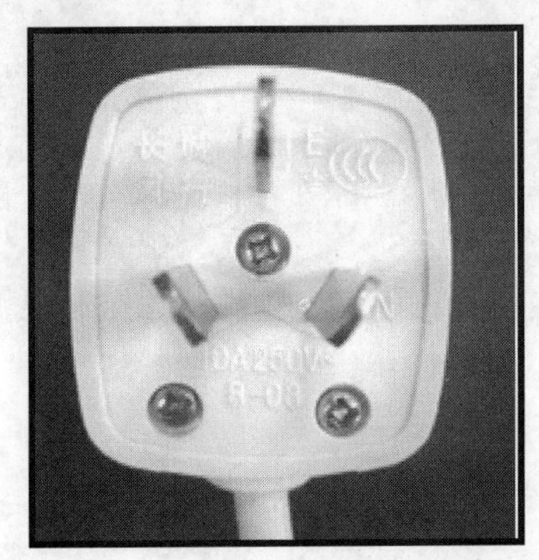

图 1-1-3　电源插头

接线板插头部分配件组成如表 1-1-2 所列。

表 1-1-2　电源插头部分配件表

序号	名称	数量	单位
1	插头外壳	1	套
2	螺丝	6	粒
3	插头簧片	3	个
4	固定片	1	个
5	电缆	2	米

到这里我们已经完成了套件的清点工作，下面就让我们从最简单的开始做起!接下来我们要学习如何剥削导线了。

第二步：剥离电线绝缘层

1. 电线电缆分类

在学习剥削导线之前，先来认识一下电缆的分类，如图 1-1-4 所示。

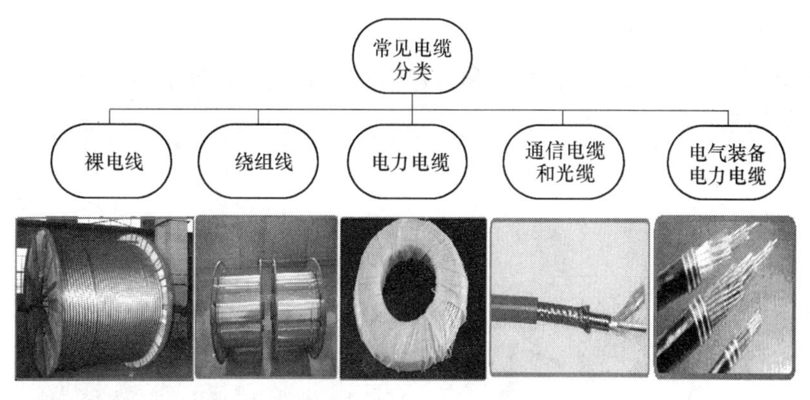

图 1-1-4　电缆的分类

2. 电线电缆的结构

电线电缆是由导体、绝缘体、保护层三部分组成，如图 1-1-5 所示。

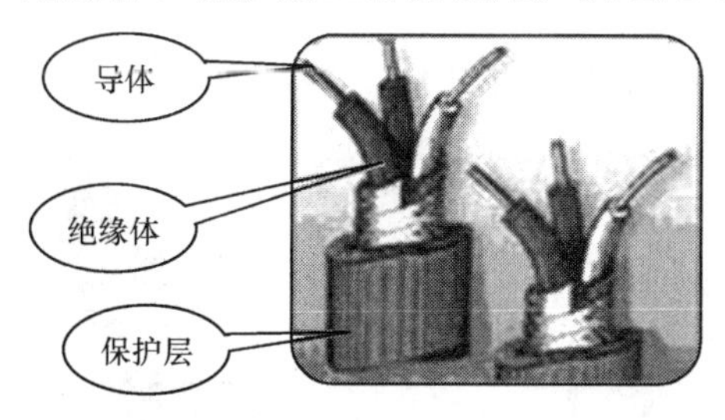

图 1-1-5　电线电缆结构示意图

(1) 导体：传导电流的物体，电线电缆的规格都以导体的截面表示。

(2) 绝缘体：将绝缘材料按其耐受电压程度的要求，以不同的厚度包覆在导体外面而成。

(3) 保护层：保护电缆的部分。

3. 电线电缆的应用

电线电缆在我们的日常生活中的应用非常广泛，其具体应用情况如图 1-1-6 所示。

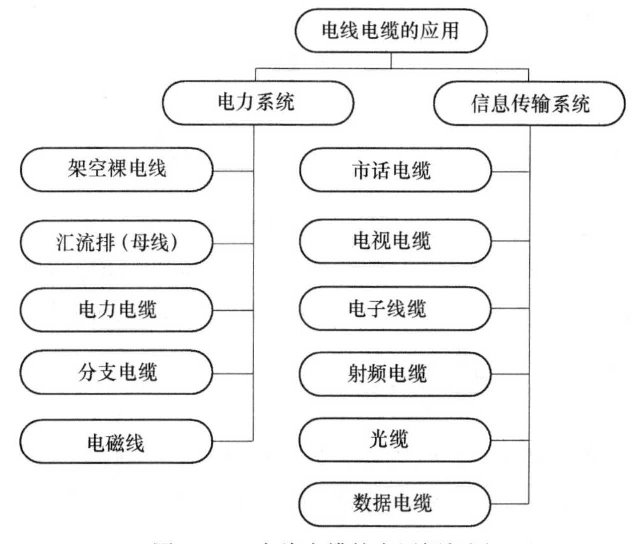

图 1-1-6　电线电缆的应用框架图

4．线头绝缘层剥离的方法

去除塑料硬线的绝缘层用剥线钳和偏口钳甚为方便，这里学习剥线的方法。

1) 剥线钳的用途

(1) 剥线钳的构成介绍，如图 1-1-7 所示。

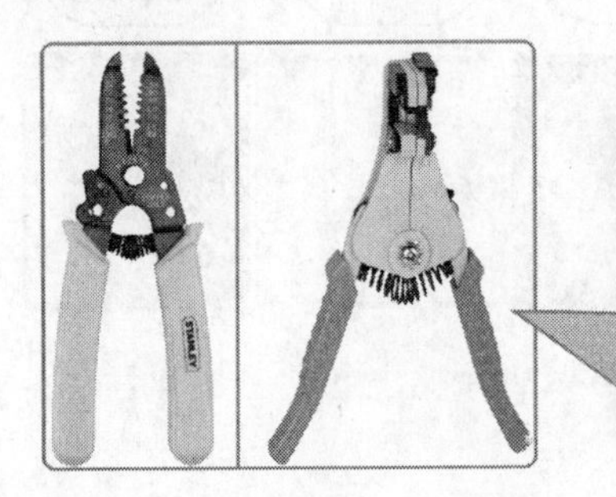

剥线钳由刀口、压线口和钳柄组成，是内线电工和电动机修理、仪器仪表电工常用的工具之一。剥线钳的钳柄上套有额定工作电压500V的绝缘套管，适用于塑料、橡胶绝缘电线、电缆芯线的剥皮。

图 1-1-7　剥线钳外形图

(2) 剥线钳的具体使用方法，如图 1-1-8 所示。

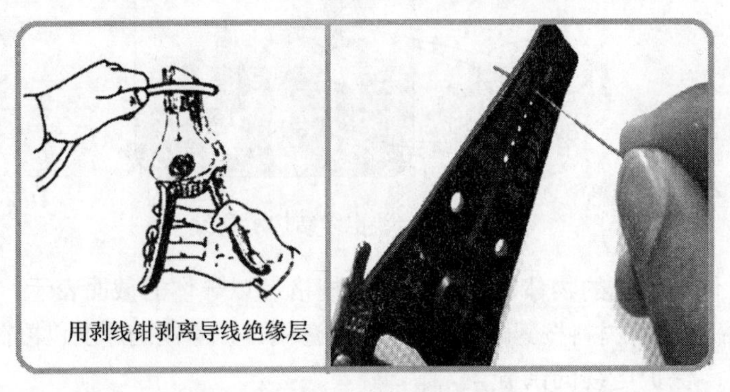

图 1-1-8　剥线钳的使用方法图解

(3) 剥线钳的性能标准。

① 钳头在弹簧的作用下能灵活地开合。

② 刃口在闭合状态下，其刃口间隙不大于 0.3mm。

③ 剥线钳能顺利剥离线芯直径为 0.5～2.5mm 导线外部的塑料或橡胶绝缘层。

(4) 使用注意事项：为了不伤及断片周围的人和物，请确认断片飞溅方向再进行切断。

2) 偏口钳(桃嘴钳)的用途

(1) 偏口钳(桃嘴钳)的外形及用途介绍，如图 1-1-9 所示。

(2) 剥线注意事项：利用偏口钳剥离导线绝缘层要注意力度，不要用力过度，以防把线剪断。保护层不要剥离过长，4cm 左右为宜，绝缘层剥离 2cm 为宜。

第三步：组装电源接线板插头

日常生活中，我们离不开各种用电设备，每一种用电设备的使用都会用到插头和插座，对于插头和插座我们了解多少呢？

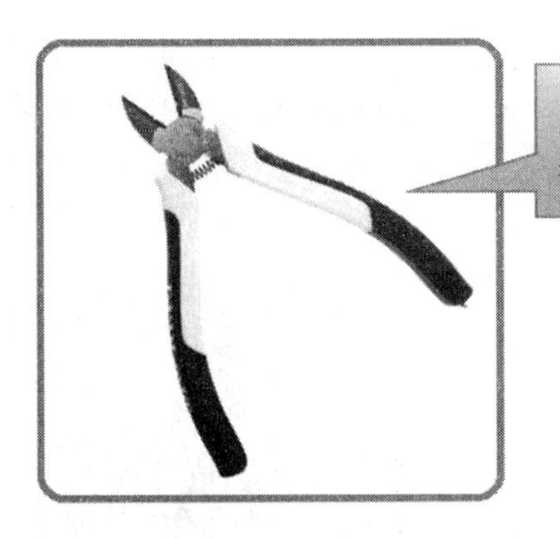

图 1-1-9　偏口钳外形图

1．电源插座的结构

家用电源插座的类型有单相两线制和单相三线制两种，如图 1-1-10 所示。

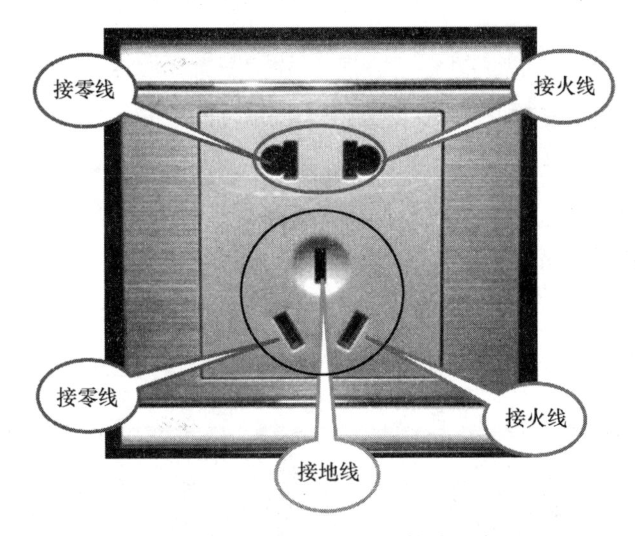

图 1-1-10　家用电源插座的接线示意图

2．电源接线板电路结构及电源线名称

电源接线板的内部电路由零线、火线和地线三部分组成，如图 1-1-11 所示。

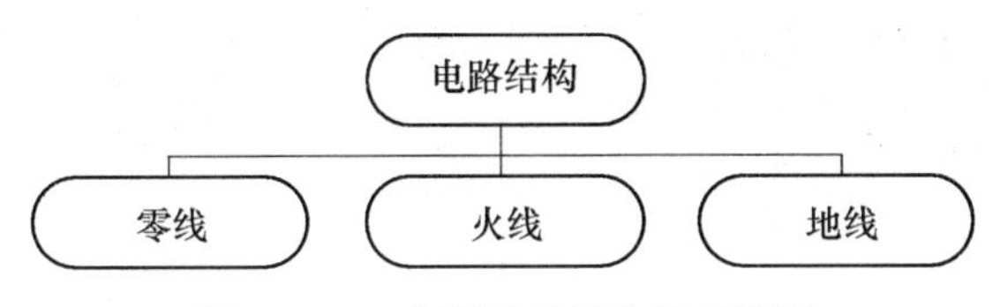

图 1-1-11　电源接线板电路结构图

按我国现行标准 GB2681 中第 3 条，依据导线颜色标志电路时规定：

火线是**红**色，零线是**淡蓝**色，地线是**黄绿**相间

3．电源插头的接线方式

如图 1-1-12 所示是家用电源插头的接线示意图。在插头背面对着自己时，三个插头

呈正三角形排列，其中上面最长最粗的铜制插头就是地线。地线下面两个分别是火线(标志字母为“L”(Live Wire))零线(标志字母为“N”(Naught Wire))，顺序是**左零右火**。

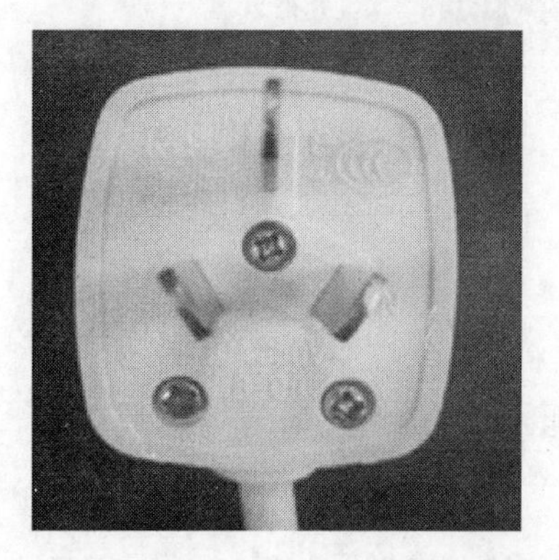

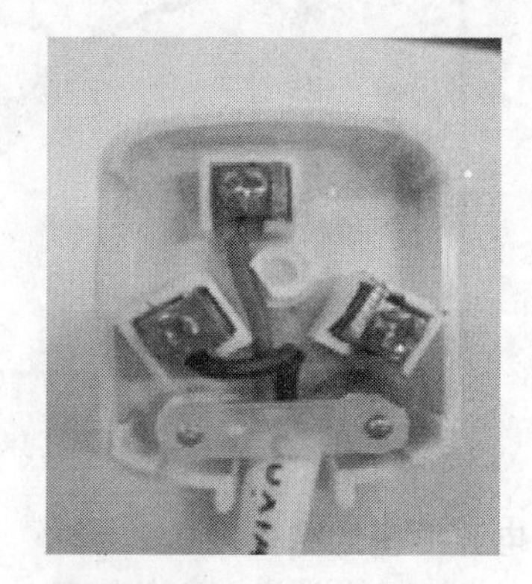

图 1-1-12　家用电源插头内部接线示意图

凡外壳是金属的家用电器都采用的是单相三线制电源插头。

第四步：电源接线板内部机械部分组装

在组装电源接线板内部机械部分时要细心，安装有一定难度，需要有一定的力度，装配时尽量一次成功。

(1) 将金属卡扣簧片装入每个插座盒的孔槽中固定好，安装方法可参照图 1-1-13。

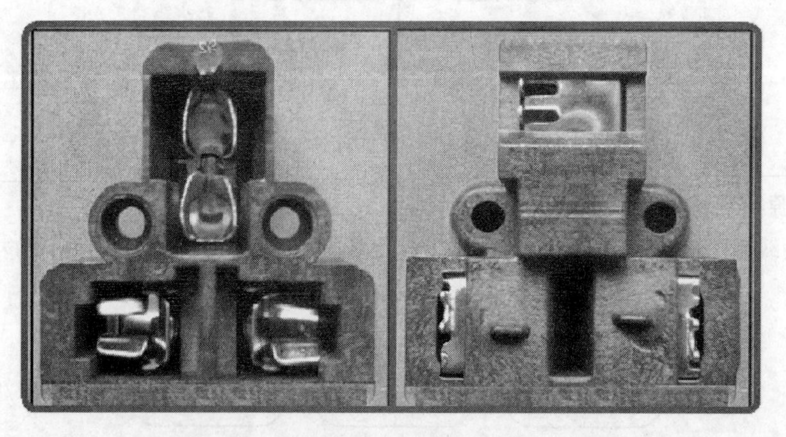

图 1-1-13　电源接线板单只插座盒正反面结构实物图

(2) 将插座盒安放到面板相应位置并用自攻螺钉进行固定。
(3) 将接线端子用自攻螺钉进行固定。
(4) 将制锁开关用自攻螺钉进行固定。
以上安装步骤的第(2)～(4)步的安装效果及位置图可参照图 1-1-14。

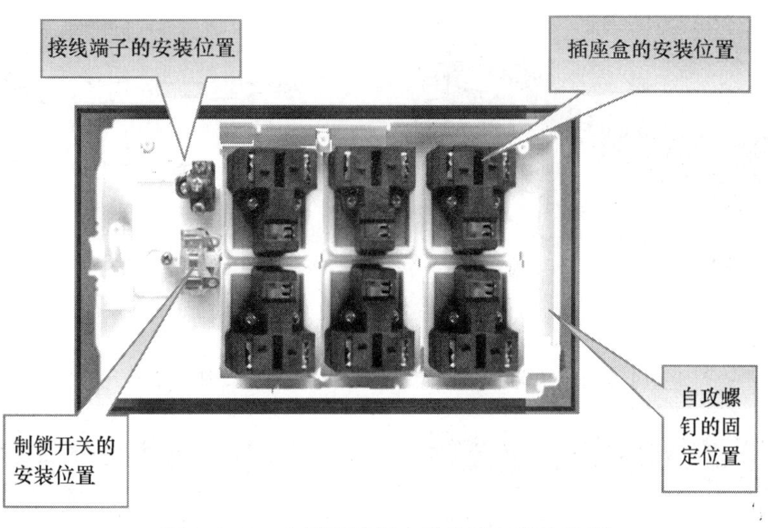

图 1-1-14　电源接线板内部机械安装结构图

任务二　完成电源接线板导线焊接

任务实施步骤

第一步：了解基本工具和焊接材料
第二步：了解手工焊接的技术
第三步：焊接单线条作品
第四步：电源接线板内部电路连接
第五步：安装电源接线板后盖

第一步：了解基本工具和焊接材料

1. 电烙铁

(1) 普通内热式电烙铁，由烙铁头、烙铁芯、连接杆和手柄组成，如图 1-1-15 所示。同一个电烙铁可以通过更换不同烙铁头的方式来适应不同焊接情况，烙铁头的种类如图 1-1-16 所示。电烙铁中烙铁头的温度是由烙铁芯提供的，它是电烙铁的发热元件，烙铁芯实物如图 1-1-17 所示。

(2) 恒温防静电电烙铁，由内热式电烙铁、调温装置、烙铁架和清洁海绵组成，如图 1-1-18 所示。

2. 尖嘴钳

尖嘴钳是学习电工电子课程比较常用的工具之一，其外形如图 1-1-19 所示。

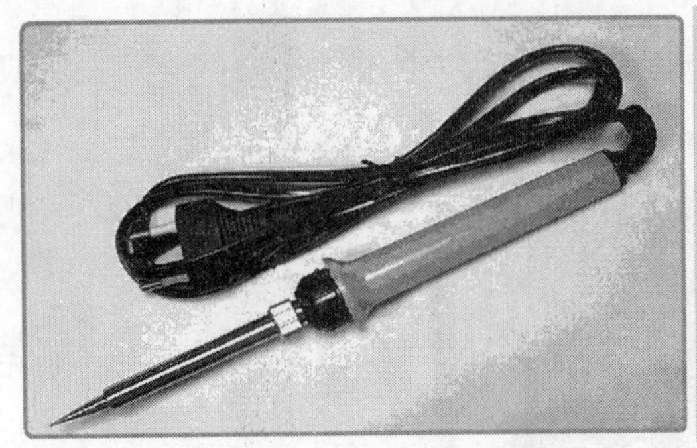
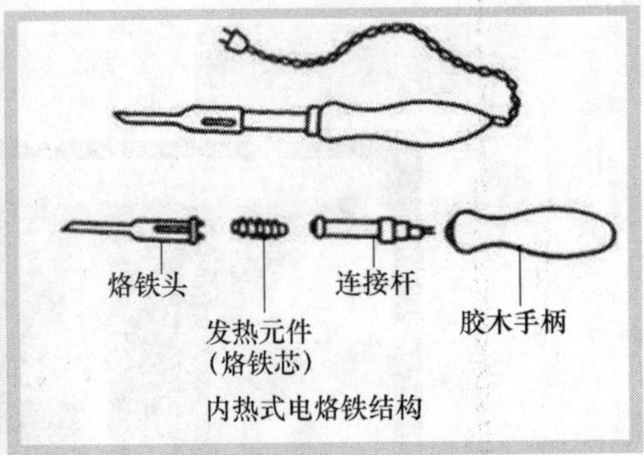

图 1-1-15　普通内热式电烙铁外形和组成结构示意图

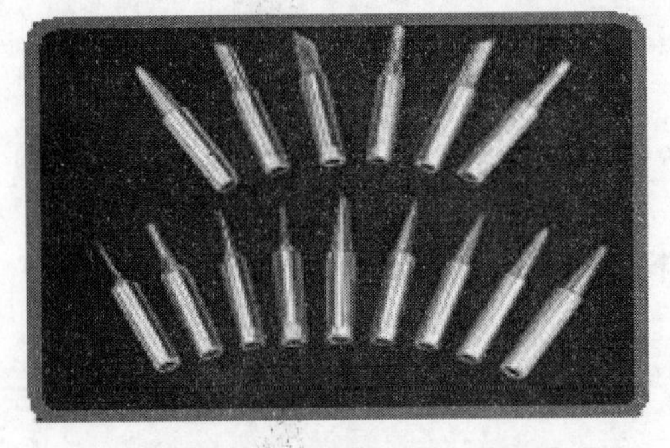

图 1-1-16　电烙铁烙铁头实物图

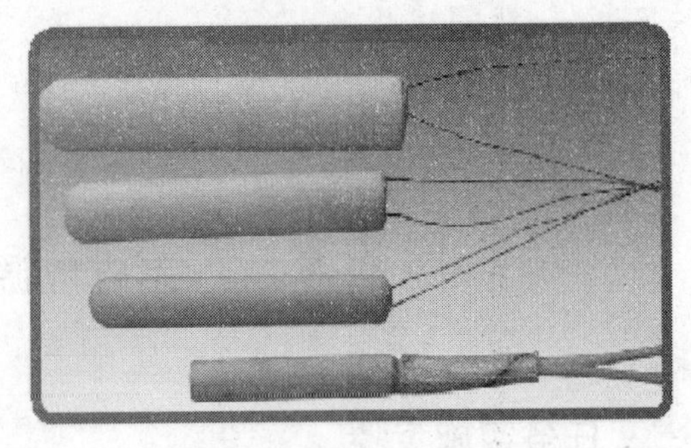

图 1-1-17　普通内热式电烙铁烙铁芯实物图

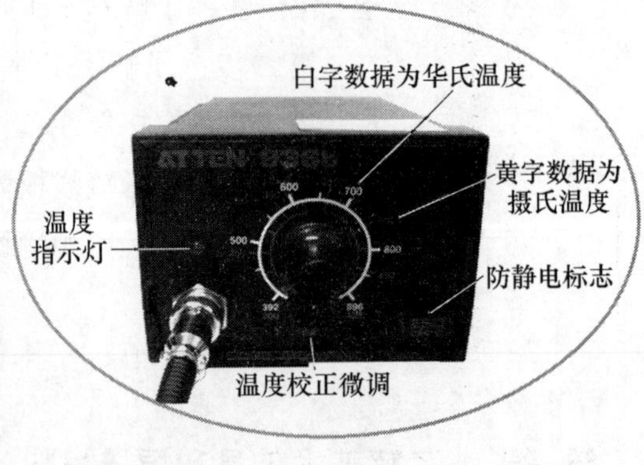

图 1-1-18　恒温防静电电烙铁实物图

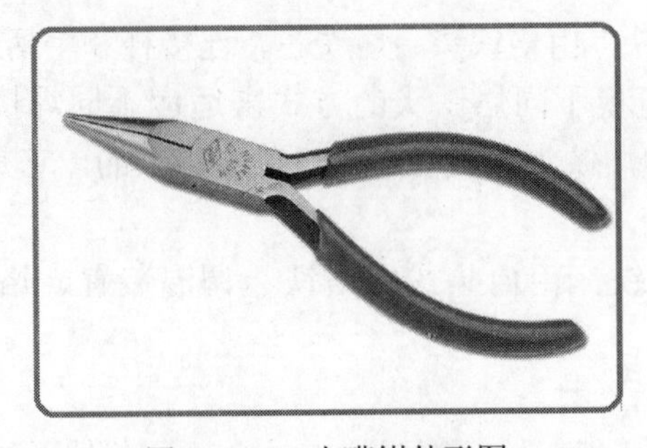

图 1-1-19　尖嘴钳外形图

(1) 特点：头部尖细，适用于在狭小空间操作。

(2) 用途：主要用于夹持小螺钉、垫圈、导线端头弯曲成型，自带的剪口可切断较细的导线、金属丝。

3. 了解焊料与助焊剂

焊料与助焊剂是干什么用的？

焊料与助焊剂是电子焊接过程中必不可少的焊接材料，焊接的过程就是使用焊料并配合助焊剂熔合两种或两种以上的金属面，使之成为一个整体。

(1) 常用焊料：管状焊锡丝(含铅或含银)，如图 1-1-20 所示。

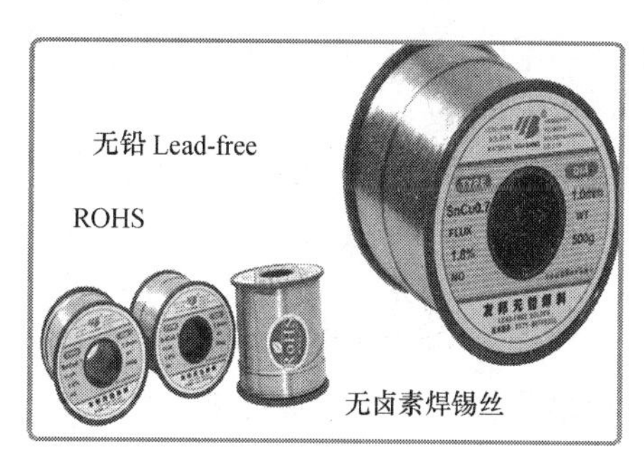

图 1-1-20　无铅管状焊锡丝实物图

管状焊锡丝的结构：空心，内含有助焊剂。

焊锡丝有不同的直径和熔点。

(2) 常用助焊剂：松香和焊膏，如图 1-1-21 和图 1-1-22 所示。

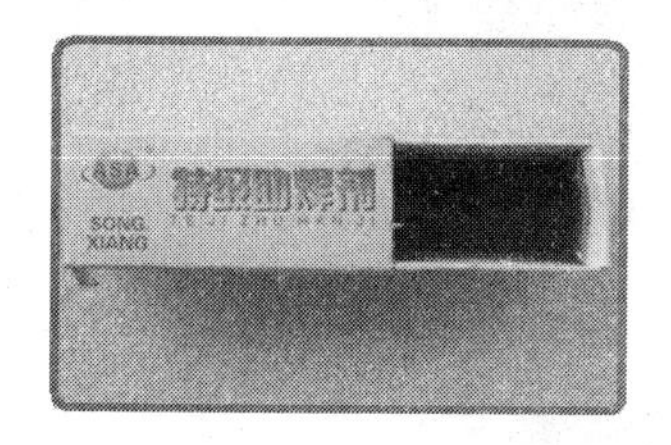

图 1-1-21　松香助焊剂实物图

图 1-1-22　高级焊锡膏实物图

第二步：了解手工焊接的技术

手工焊接技术是电子专业特别是计算机维修中必备的一项基本功，即使在现今计算机和数码产品大规模生产的情况下，电子设备的维修也必须使用手工焊接技术。

手工焊接技术要通过大量的练习和实践才能很好地掌握。

1. 学习焊接技术要点

1) 电烙铁的正确握法

根据所需焊接元器件种类的不同可采用正握法、反握法以及握笔法来进行焊接，如图 1-1-23 所示。

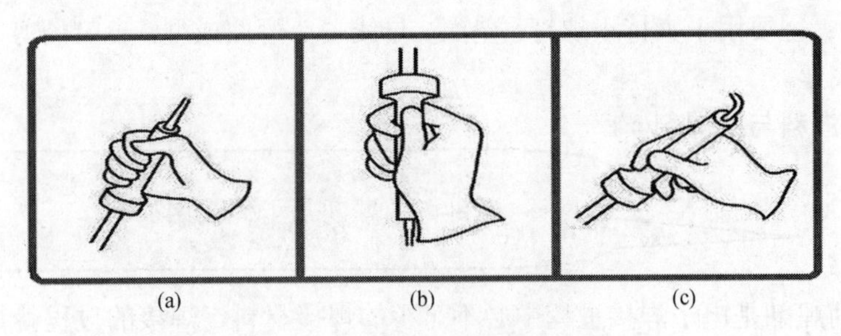

图 1-1-23　电烙铁的正确握法示意图

(a) 反握法；(b) 正握法；(c) 握笔法。

反握法：此法适用于大功率电烙铁，焊接散热量大的被焊件。

正握法：此法适用于较大的电烙铁，弯形烙铁头的一般也用此法。

握笔法：此法适用于小功率电烙铁，用握笔的方法握住电烙铁手柄焊接散热量小的电子元器件。

2) 恒温防静电电烙铁的使用与保养

该种电烙铁在使用的过程中可以根据具体的需要进行温度的调节。在使用完成以后也要进行一定的保养，防止烙铁头在高温的情况下氧化，造成烙铁头的损坏。其使用流程如图 1-1-24 所示。

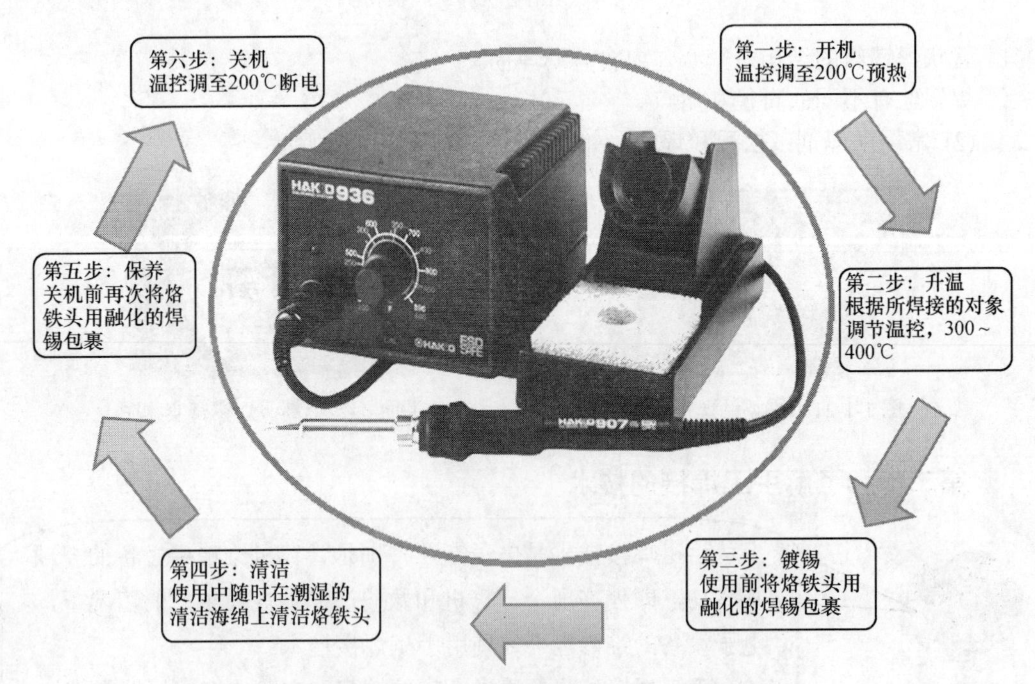

图 1-1-24　恒温防静电电烙铁使用流程图

3) 手工焊接注意事项

与看书、写字一样，在进行手工焊接的时候也有一定的坐姿要求。具体坐姿情况如图 1-1-25 所示。

图 1-1-25　手工焊接正确坐姿示意图

注意事项

(1) 电烙铁到鼻子的距离应该不少于 20cm，减少有害气体的吸入量。

(2) 电烙铁要插放在烙铁架上，以免烫伤导线，造成漏电等事故。

(3) 烙铁架上的清洁海绵要用水浸湿并去除多余水分，用于清洁烙铁头。

(4) 通过烙铁头与被焊件的接触来传热，焊锡融化自然扩散形成焊点，无需用力按压电烙铁，也不要用烙铁头涂抹焊锡。

(5) 焊接操作后应洗手，避免食入铅尘。

4) 焊接操作要领

具体的操作要领如图 1-1-26 所示。

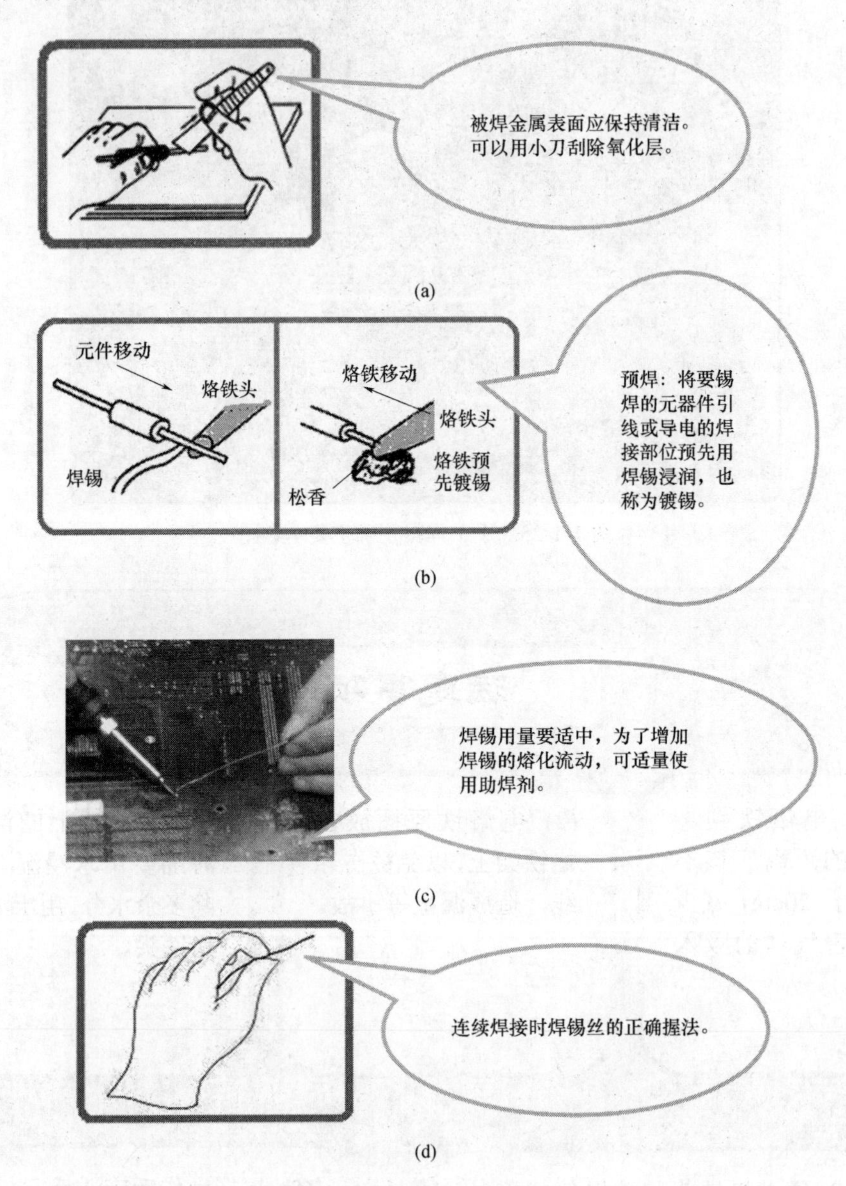

图 1-1-26 手工焊接操作要领

第三步：焊接单线条作品

【实训一】练习剥除导线绝缘层并镀锡

(1) 工具准备：剥线钳、偏口钳、尖嘴钳、恒温防静电电烙铁、焊锡丝、助焊剂。

(2) 材料准备：多芯细导线、单芯细导线、漆包线各 50cm。

(3) 实训要求：

① 每种导线分成 5 段。

② 每段导线的两头分别剥除绝缘层 5mm。

③ 对线头进行镀锡处理(多芯导线需将芯线拧绞后再镀锡)。

【实训二】练习焊接单线条作品

(1) 工具准备：剥线钳、偏口钳、尖嘴钳、恒温防静电电烙铁、焊锡丝、助焊剂。

(2) 材料准备：1 平方和 1.5 平方铜导线各 50cm、设计用白纸 1 张。

(3) 实训要求：

① 自行设计作品——不得雷同。

② 线条数要达到 20 根。

③ 焊点数要达到 40 个。

(4) 作品赏析：

① 学生在进行线条作品的焊接，如图 1-1-27 所示。

图 1-1-27　焊接线条作品操作图

② 线条作品展示，如图 1-1-28 所示。

图 1-1-28　部分线条焊接作品示例图

③ 线条作品设计草图，如图 1-1-29 所示。

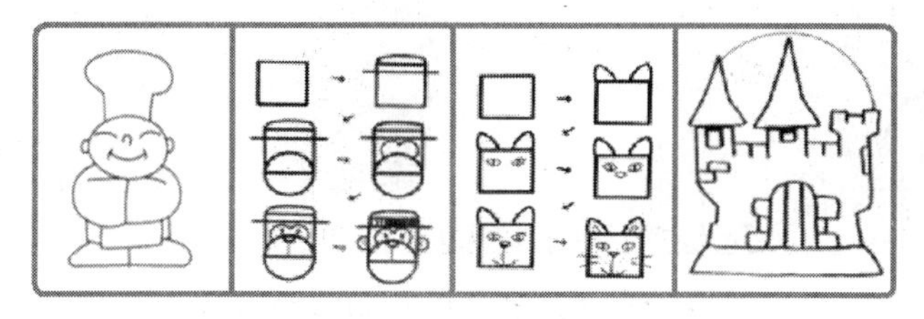

图 1-1-29　线条焊接作品设计草图示例

第四步：电源接线板内部电路连接

在学习完线条作品的焊接以后，可以对接线板内部的连接线进行焊接安装。具体焊接样式如图 1-1-30 所示。

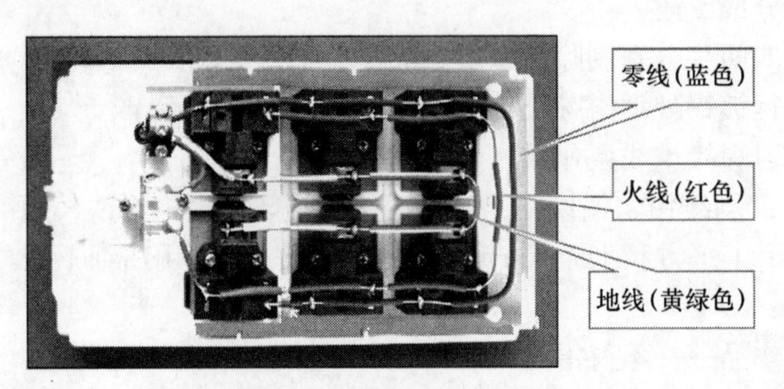

图 1-1-30　电源接线板内部接线示意图

1．焊接内部导线

产品提供的内部连接导线颜色随批次不同略有不同，但是差异不是很大，建议红色为火线，绿色为零线，黑色为地线。

内、外部导线是通过接线端子进行连接，进口处的线缆外皮要用塑料算子压紧，以防松脱。

(1) 确定剥削位置——根据每个接线柱间的距离判断剥削导线绝缘层的位置，导线不要剪断。

(2) 剥线镀锡——剥除导线绝缘层并镀锡，剥除长度不超过 5mm。

(3) 走线定位——走线平直，转弯处导线的走线要规整，转弯角度尽量为 90°。

(4) 焊接导线——焊接火线(红色)、零线(蓝色)、地线(黄绿线)，要求焊点饱满圆润，如图 1-1-31 所示。

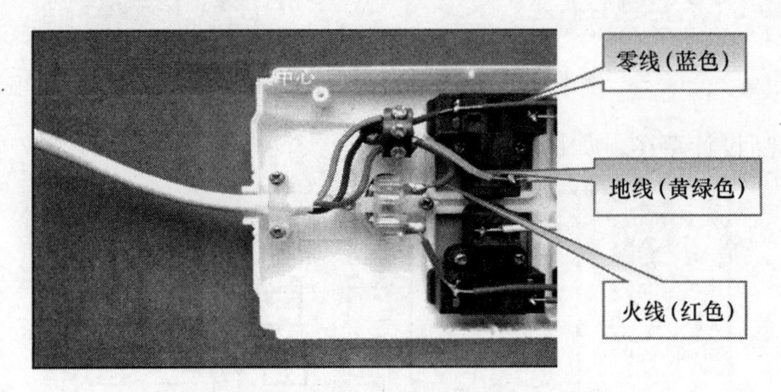

图 1-1-31　电源接线板内部接线示意图

(5) 连接制锁开关——制锁开关两端分别连接火线(红色)。

(6) 连接插头线——剥除三根插头线绝缘层，拧绞镀锡后通过接线端子对应连接接线板的火线(红色)、零线(蓝色)、地线(黄绿线)，并用机螺钉压紧。

(7) 固定插头线——将电源线穿过进线口，用自攻螺钉固定塑料箅子压紧电源线。

2. 连接 LED 指示灯

连接方法——火线(红色)接二极管正极，零线(蓝色)通过电阻接发光二极管负极。

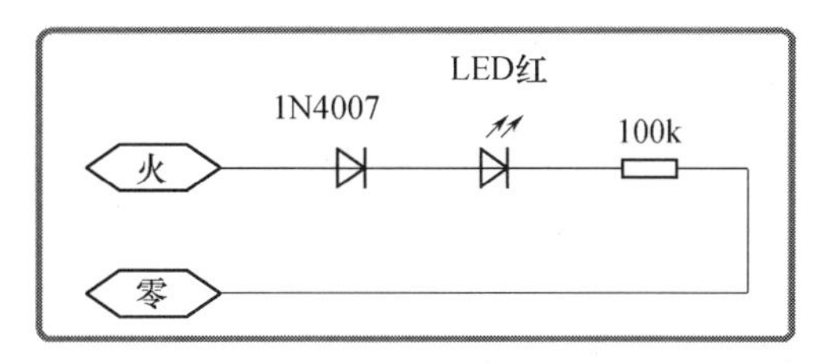

图 1-1-32 家用电源接线板 LED 指示灯接线图

LED 指示灯的连接参考图 1-1-31，可选择就近的导线线焊接。

注意：二极管的极性！

第五步：安装电源接线板后盖

按照图 1-1-33 所示内容，仔细检查装配质量，重点检查焊接、压接是否牢固。用万用表蜂鸣挡测试各连接线、点是否导通，确保不要出现短路、断路的问题。无误后用螺丝将后盖紧固。

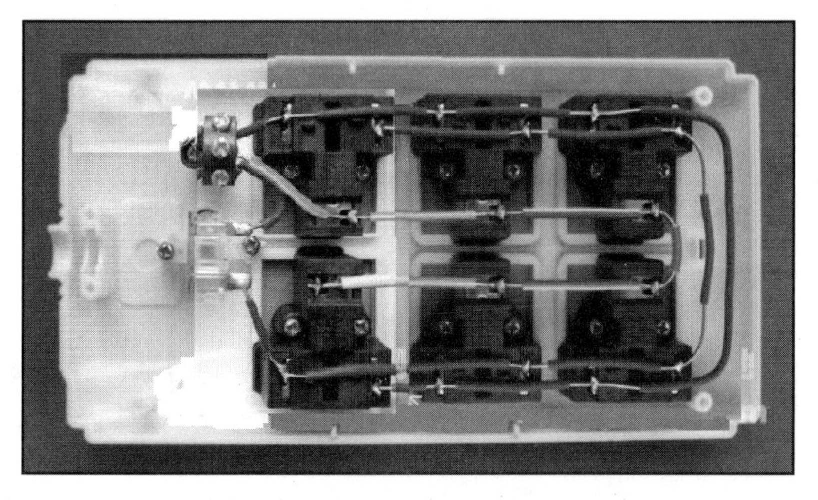

图 1-1-33 家用电源接线板内部接线示意图

任务三　使用验电笔和万用表检测接线板带电情况

第一步：练习使用验电笔检测交流电
第二步：练习使用万用表检测交流电
第三步：电源接线板质量检验办法

第一步：练习使用验电笔检测交流电

验电笔是一种常用电工工具。电工工具是电气操作的基本工具，电气操作人员必须掌握电工常用工具的结构、性能和正确的使用方法。常见的验电笔外形如图 1-1-34 所示。

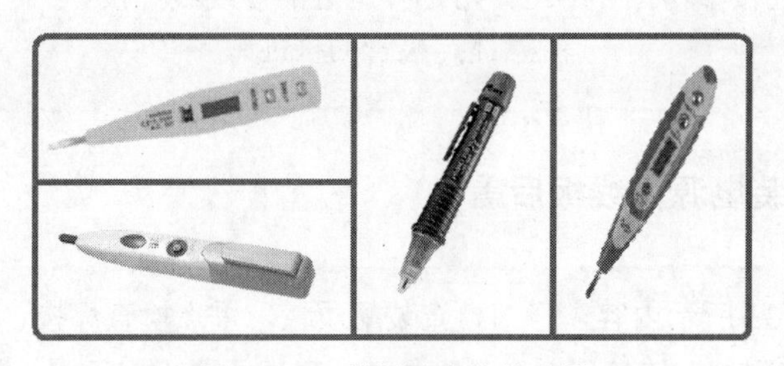

图 1-1-34　常用验电笔外形图

验电笔是用于检测线路和设备是否带电的工具。它可以用来检测对地电压在 250V 及以下的低压电气设备，也是家庭中常用的电工安全工具。

握笔说明

验电时手指必须接触金属笔挂(笔式)或验电笔的金属螺钉部(螺丝刀式)，两种握笔方式如图 1-1-35 所示。

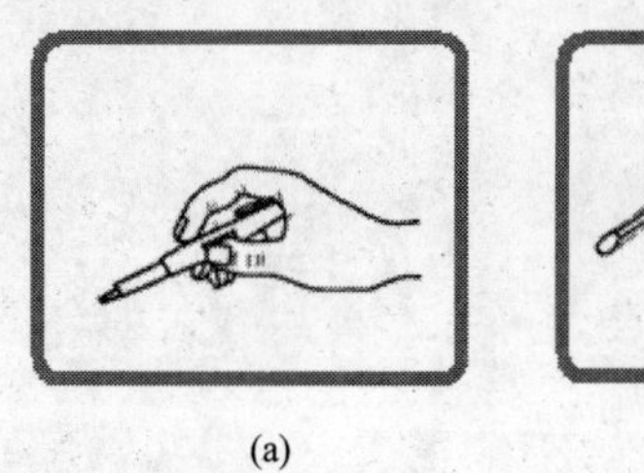

(a)

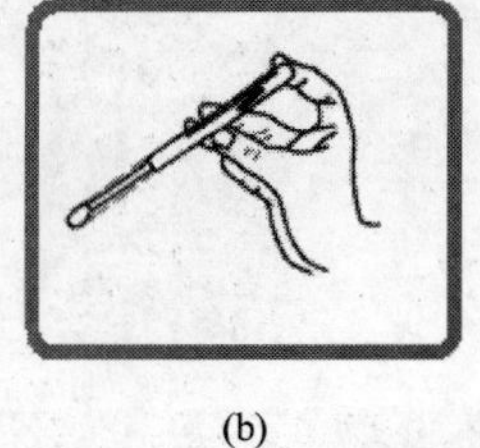

(b)

图 1-1-35　几种常用验电笔握笔方法示意图
(a) 笔式验电笔握法；(b) 螺丝刀式验电笔握法。

图1-1-36展示的是使用验电笔测量电源插座的方式，这种验电笔利用电流通过验电笔、人体、大地形成回路，其漏电电流使氖泡发光而工作。只要带电体与大地之间的电位差超过一定数值(一般情况下氖泡类验电笔为36V)，验电器就会发光，低于这个数值，就不会发光，由此可以判断低压电气设备是否带有电压。

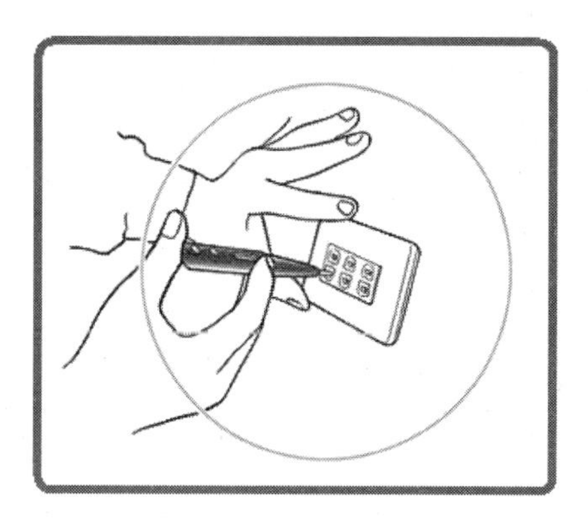

图 1-1-36　验电笔测量电源插座手法示意图

第二步：练习使用万用表检测交流电

1. 了解数字万用表的外形结构

图 1-1-37 是万用表的实物图，万用表在使用的过程中可以根据四个输入端口的两两组合以及万有表工程量程选择旋钮的位置来共同决定万用表的作用。

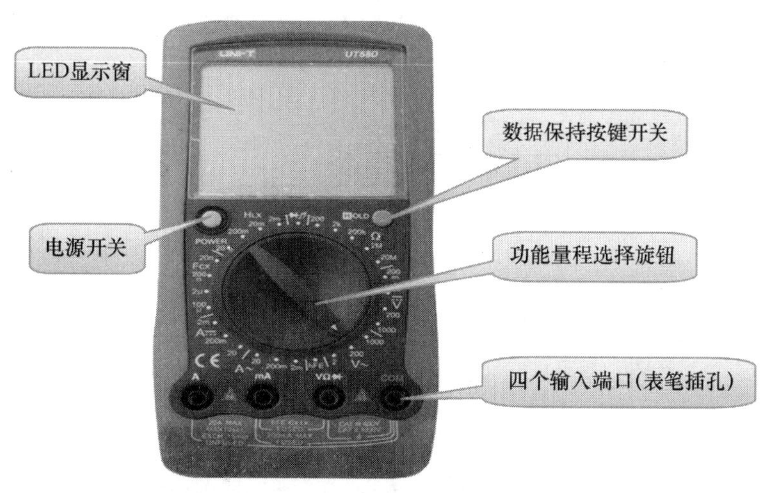

图 1-1-37　数字万用表实物图

2. 了解数字万用表基本功能

在万用表功能量程选择旋钮的外面标称了一些符号和数字，这些符号和数字就是该万用表所能完成的功能。表 1-1-3 详细介绍了这些符号所代表的功能。

表 1-1-3　万用表功能介绍

序号	功能量程选择旋钮指示	功能说明
1	V ⎓ (DCV)	直流电压测量
2	V~(ACV)	交流电压测量
3	⊣⊢	电容测量
4	Ω	电阻测量
5	➔⊢	二极管测量
6	♫	电路通断测量
7	Hz	频率测量
8	A ⎓ （DCA）	直流电流测量
9	A～(ACA)	交流电流测量
10	℃	温度测量(仅适用于 UT58B、C)
11	hFE	三极管放大倍数测量
12	POWER	电源开关
13	HOLD	数据保持开关
14	COM	黑表笔插孔
15	VΩ➔⊢	红表笔插孔
16	mA	红表笔插孔(用于毫安级电流测量)
17	A	红表笔插孔(用于安培级电流测量)

3．测量交流电压的方法及步骤

在使用万用表进行测量交流电压时可以按照如图 1-1-38 所示的“四步法”调整万用表的工作状态。在工作状态检查无误的情况下，可以将万用表的两个表笔与待检测的电源进行接触，具体操作如图 1-1-39 所示，万用表的 COM 端与插座的零线接触，万用表的“VΩ➔⊢”与插座的火线接触。

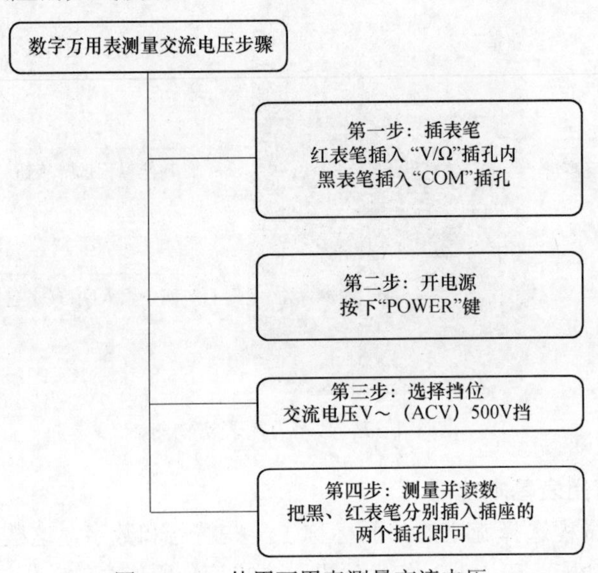

图 1-1-38　使用万用表测量交流电压

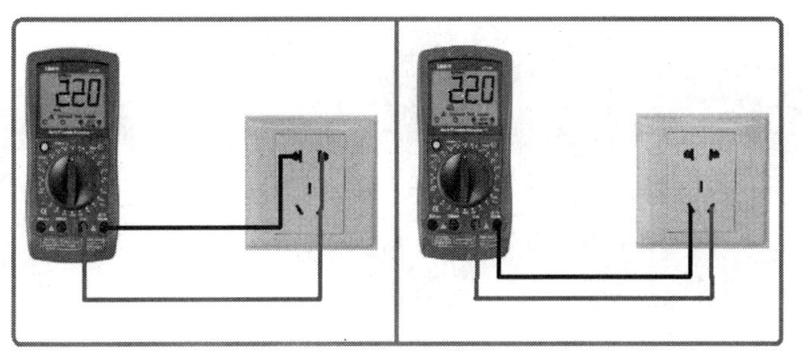

图 1-1-39　数字万用表测量电源插座方法示意图

⚠ 数字万用表使用注意事项

(1) 测量时应使用正确的功能挡位，转换量程时必须断开表笔与电路的连接。

(2) 测量交流电压时，表笔没有正负极之分，测量直流电压必须注意正负极。

(3) 在测量高电压时，要特别注意避免触电。

(4) 测量大电流时要更换表笔的插孔位置。

(5) 测量电路通断时必须断开电路的电源。

(6) 在完成所有测量操作后，要断开表笔与被测电路的连接。

第三步：电源接线板质量检验办法

电源接线板的好坏可以借助万用表来进行检测，具体的检测方式如图 1-1-40 所示。

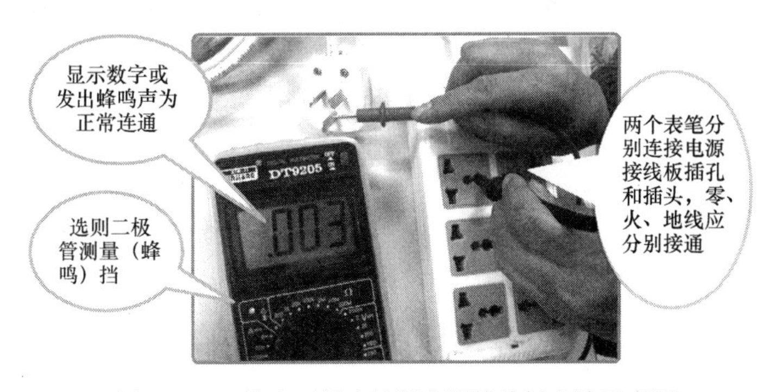

图 1-1-40　数字万用表检测电源接线板方法示意图

知识拓展

第一部分：学习电的知识

1. 雷电的形成

雷电是伴有闪电和雷鸣的一种雄伟壮观而又令人生畏的放电现象，如图 1-1-41 所示。

图 1-1-41　生活中的雷电现象

(1) 闪电现象：云中电荷的分布复杂，云的上部以正电荷为主，下部以负电荷为主，云的上、下部之间形成一个电位差，当电位差达到一定程度时就会放电，这就是闪电现象。

① 闪电的的平均电流是 3 万 A，最大电流可达 30 万 A。

② 闪电的电压很高，为 1 亿～10 亿 V。

(2) 雷电的破坏形式：雷电波、感应雷、直击雷。

2．生活中用电的来源

生活中所使用的电压和电流是相对稳定的。那么它们是怎么来的呢？

(1) 我国目前常用的发电方式有四种，如图 1-1-42 所示。

(a)　(b)　(c)　(d)

图 1-1-42　常见的发电方式

(a) 水力发电；(b) 火力发电；(c) 风力发电；(d) 太阳能发电。

(2) 电网电压的供电方式。供电方式是供电部门向用户提供的电源特性和类型，包括电源的频率、额定电压、电源相数和电源容量等。

(3) 我国家庭用电类型。

① 额定电压：220V 交流电压。

② 频率：50Hz。

③ 电源相数：单相交流电。

所谓额定电压，一般是对设备而言的。就是发电机、变压器和电气设备等在正常运行的情况下具有最大经济效益时的电压。

(4) 电压等级标准化的优点。

有利于电器制造业的生产标准化和系列化	有利于设计的标准化和选型	有利于电器的互相连接和更换	有利于备件的生产和维修

小贴士：对电网电压而言，我们一般把电压等级称为额定电压等级，电压的大小允许有一定的偏差。根据用电要求不同，应选择最合适的额定电压等级。

目前我国常用的电压等级有：

220V	380V	6KV	10KV	35KV	110KV	220KV	330KV	500KV

3. 交流电和直流电

1) 交流电 AC

交流电也成“交变电流”，简称“交流”，用 AC 表示，一般指大小和方向随时间做周期性变化的电压或电流。

当线圈在磁场中匀速转动时，线圈里就产生大小和方向做周期性改变的交流电。其最基本的形式是正弦电流(电压)，又称简谐电流(电压)，其波形图如图 1-1-43 和图 1-1-44 所示。我国交流电供电的标准频率规定为 50Hz。交流电随时间变化的形式可以是多种多样的。不同变化形式的交流电，其应用范围和产生的效果也是不同的。以正弦交流电应用最为广泛，且其它非正弦交流电一般都可以经过数学处理后，转化成为正弦交流电的迭加。其表达式为 $i=I_m \cdot \sin(\omega t+\varphi_0)$，它是时间的简谐函数。

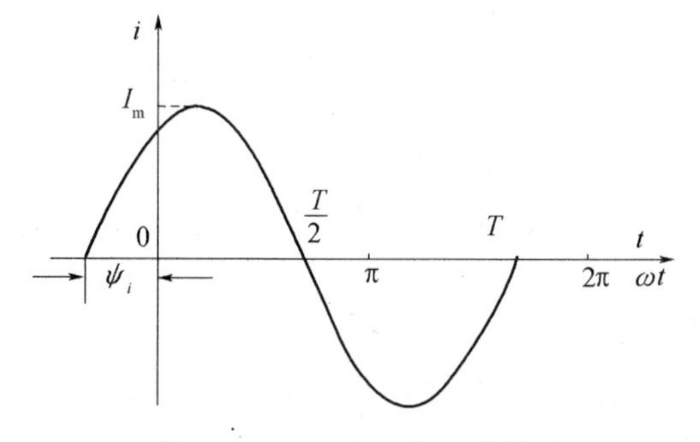

图 1-1-43　正弦交流波形图

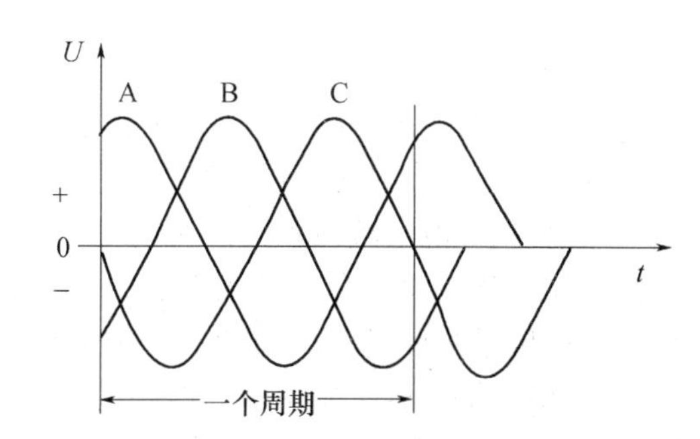

图 1-1-44　三相正弦交流波形图

2) 直流电 DC

直流电又称恒流电。恒定电流是直流电的一种，是大小和方向都不变的直流电。

直流电的理想状态如图 1-1-45 所示。

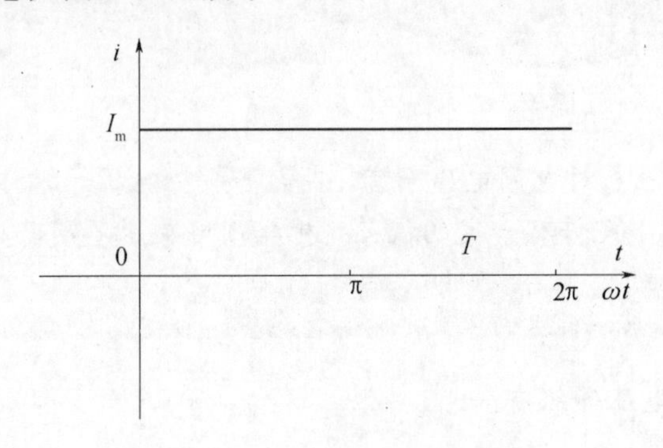

图 1-1-45　直流电流波形图

第二部分：学习电流对人体产生的危害及触电急救知识

1. 电流对人体的伤害形式

(1) 触电危害。触电是指人体触及带电体后，电流对人体造成的伤害。

(2) 触电类型。即电击和电伤，如图 1-1-46 所示。

图 1-1-46　触电的类型

在触电事故中，电击和电伤常会同时发生。

(3) 电伤分类。电伤可分为灼伤、电烙印、皮肤金属化三类。

① 灼伤。指电流热效应产生的电伤。最严重的灼伤是电弧对人体皮肤造成的直接烧伤。例如，当发生带负荷拉刀开关、带地线合刀开关时，产生的强烈电弧会烧伤皮肤。灼伤的后果是皮肤发红、起泡，组织烧焦并坏死。

② 电烙印。指电流化学效应合机械效应产生的电伤。电烙印通常在人体和带电部分接触良好的情况下才会发生。其后果是皮肤表面留下和所接触的带电部分形状相似的圆形或椭圆形的肿块痕迹。电烙印有明显的边缘，且颜色呈灰色或淡黄色，受伤皮肤硬化。

③ 皮肤金属化。指在电流作用下，产生的高温电弧周围的金属熔化、蒸发并飞溅渗透到皮肤表层所造成的电伤。其后果是皮肤变得粗糙、硬化，且呈现一定颜色。根据人体表面渗入金属的不同，呈现的颜色也不同，一般渗入铅为灰黄色，渗入紫铜为绿色。金属化的皮肤经过一段时间后会逐渐剥落，不会永久存在而造成终身痛苦。

不同大小的电流通过人体以后造成的伤害是不一样的，具体境况如表 1-1-4 所列。

表 1-1-4　电流对人体的伤害

电流对人体的伤害		
电流 I/mA	作用的特征	
	交变电流(50～60Hz)	恒定直流电流
0.6～1.5	开始有感觉，手轻微颤	没有感觉
2～3	手指强烈颤抖	没有感觉
5～7	手部痉挛	有痒和热的感觉
8～10	手部剧痛，勉强可以摆脱带电体	热的感觉增强
20～35	手剧痛、麻痹，不能摆脱带电体，呼吸困难	热的感觉更强，手部轻微痉挛
50～80	呼吸困难、麻痹，心室开始颤动	手部痉挛，呼吸困难
90～100	呼吸麻痹，心室颤动，经 3s 即可使心脏麻痹而停止跳动	呼吸麻痹

(4) 电流类型对人体的影响。交流电的杀人招数是引发心室颤动，中断血液循环，致人死亡。

交流电与直流电哪个更危险呢？实验表明，电通过人体时会产生热量，把人体组织烧坏，直流电和交流电在这个方面的威力是相同的。心脏是人体中唯一一个需要进行不间断有节律收缩的器官，心肌收缩的频率是由一群特殊的“节律细胞”发出的电信号来控制的。

(5) 电流的作用时间对人体的影响。

① 触电 1～5min 内急救，90%有良好的效果。

② 10min 内，救生率达 60%。

③ 超过 15min，则希望甚微。

人体触电时，当通过电流的时间越长，越容易造成心室颤动，危险性就越大。

(6) 电流路径对人体的影响。从左手到胸部是最危险的电流路径；从手到手、从手到脚也是很危险的电流路径；从脚到脚是危险性较小的电流路径。

① 电流通过头部可使人昏迷。

② 通过心脏会造成心跳停止，血液循环中断。

③ 通过呼吸系统会造成窒息。

(7) 人体电阻对人体的影响。人体电阻是不确定的电阻，皮肤干燥时一般为 100kΩ 左右，而一旦潮湿可降到 1kΩ。人体不同，对电流的敏感程度也不一样，一般地说，儿童较成年人敏感,女性较男性敏感。患有心脏病者，触电后的死亡可能性就更大。

2. 人体触电形式及急救方法

1) 人体触电形式

(1) 直接接触触电。指人体直接接触带电导体造成的触电，如图 1-1-47 所示。

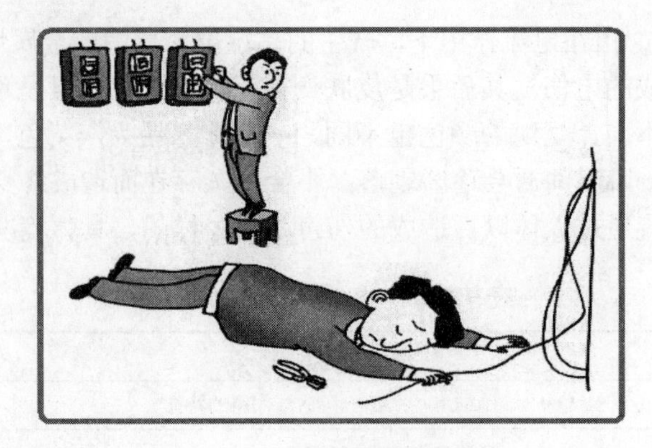

图 1-1-47　直接接触触电情况

(2) 跨步电压触电。指人或牲畜站在距离电线落地点 8～10m 以内，因行走两脚之间形成电位差造成的触电，如图 1-1-48 所示。

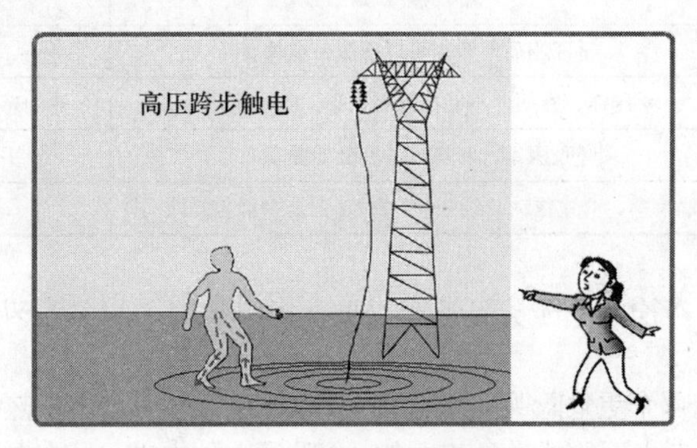

图 1-1-48　跨步电压触电情况

(3) 接触电压触电。指人体同时触及具有不同电位的部位时造成的触电，如图 1-1-49 所示。

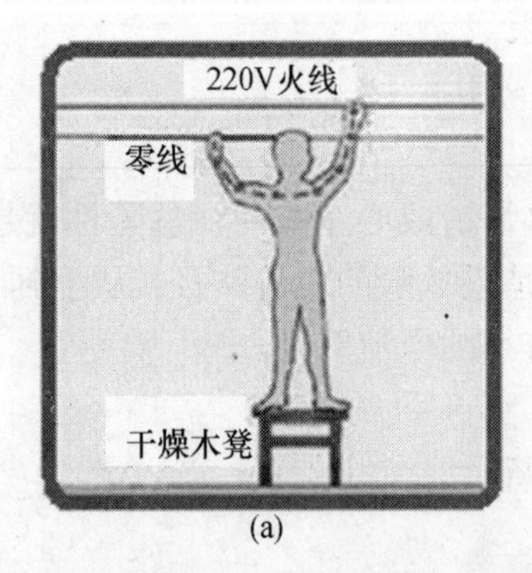

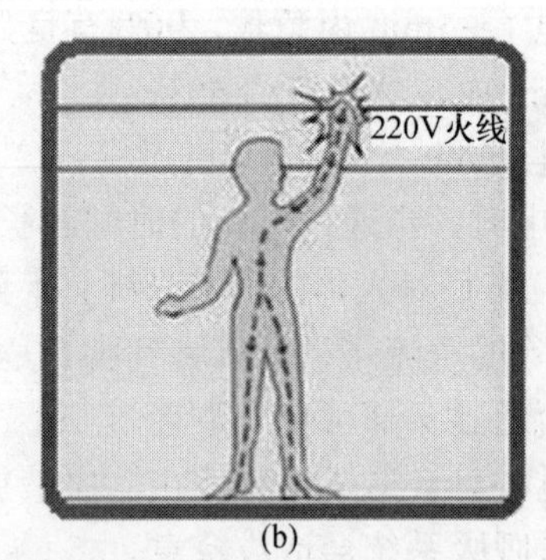

(a)　(b)

图 1-1-49　接触电压触电情况

(a) 双线触电；(b) 单线触电。

2) 触电急救方法

(1) 使触电者脱离电源的方法：人在触电后可能由于失去知觉或超过人的摆脱电流而不能自己脱离电源，此时抢救人员不要惊慌，要在保护自己不被触电的情况下，帮助触电者脱离电源。

① 断电。如果接触电器触电，应立即断开近处的电源，可就近拔掉插头、断开开关或打开保险盒，如图 1-1-50 所示。

② 杆挑。如果碰到破损的电线而触电，附近又找不到开关，可用干燥的木棒、竹竿、手杖等绝缘工具把电线挑开，挑开的电线要放置好，不要使人再触到，如图 1-1-51 所示。

图 1-1-50　触电急救方式——断电

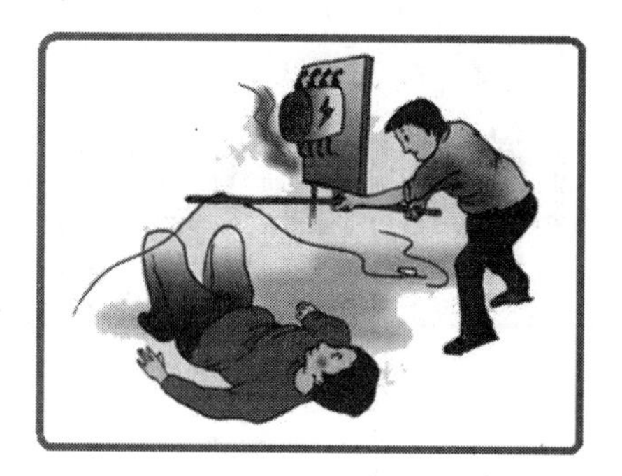

图 1-1-51　触电急救方式——杆挑

③ 干衣物拉开。如一时不能实行上述方法，触电者又趴在电器上，可隔着干燥的衣物将触电者拉开，如图 1-1-52 所示。

④ 防二次受伤。在脱离电源过程中，如触电者在高处，要防止脱离电源后跌伤而造成二次受伤，如图 1-1-53 所示。

图 1-1-52　触电急救方式——干衣物拉开

图 1-1-53　触电急救方式——防二次受伤

⑤ 自保。在使触电者脱离电源的过程中，抢救者要防止自身触电，如图 1-1-54 所示。

图 1-1-54　触电急救方式——自保

图 1-1-55 所示为几种错误的用电方法。

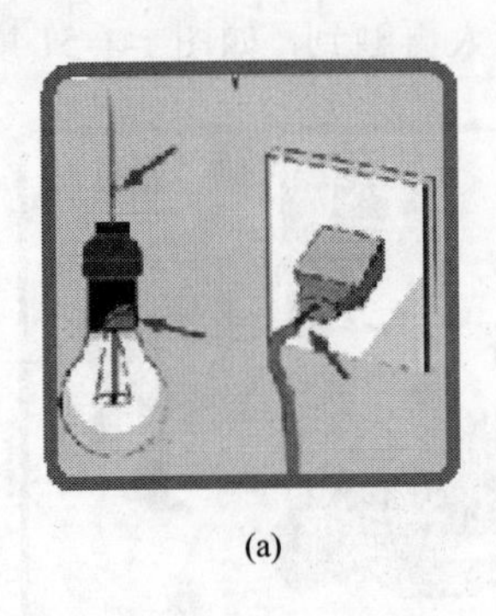

(a)

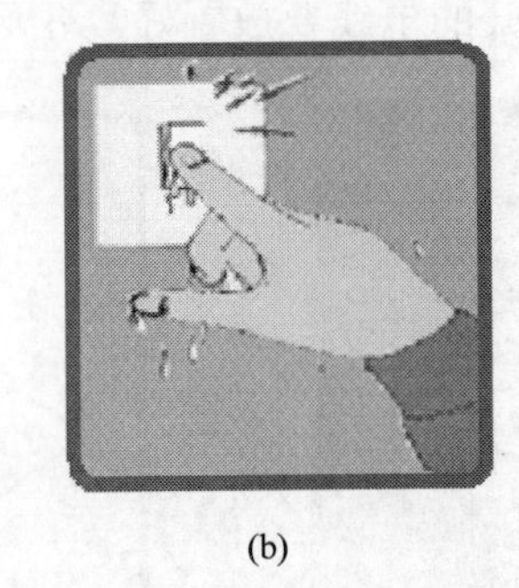

(b)

(c)

图 1-1-55　错误的用电方法

(a) 线破损火线露出；(b) 用湿手触碰开关；(c) 用充电电线晾衣。

(2) 触电者脱离电源后的症状判断。触电者脱离电源后，应迅速判断其症状，根据其受电流伤害的不同程度，采用不同的急救方法，如图 1-1-56 所示。

① 判断触电者有无知觉。

② 判断呼吸是否停止，若停止应人工呼吸。

③ 判断脉搏是否搏动，若停止应胸外挤压。

④ 判断瞳孔是否放大。

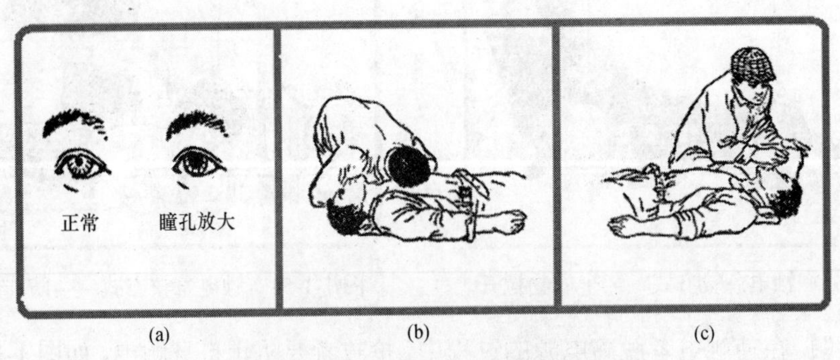

(a)　(b)　(c)

图 1-1-56　触电者脱离电源后的症状判断

(a) 检查瞳孔；(b) 检查心跳；(c) 检查呼吸。

(3) 对触电者实施的急救方法。

① 口对口人工呼吸法。人的生命的维持，主要靠心脏跳动而产生血循环，通过呼吸而形成氧气与废气的交换。采用口对口的人工呼吸法的具体做法是：

迅速解开触电人的衣服、裤带，松开上身的衣服，保证呼吸通畅；

使触电人仰卧，不垫枕头，头先侧向一边清除其口腔内的其他异物；

救护人员位于触电人头部的左边或右边 g，用一只手捏紧其鼻孔，不使漏气，另一只手将其下巴拉向前下方，使其嘴巴张开，准备接受吹气；

救护人员做深呼吸后，紧贴触电人的嘴巴，向他大口吹气；

救护人员吹气至需换气时，应立即离开触电人的嘴巴，并放松触电人的鼻子，让其自由排气，这时应注意观察触电人胸部的复原情况，如图 1-1-57 所示。

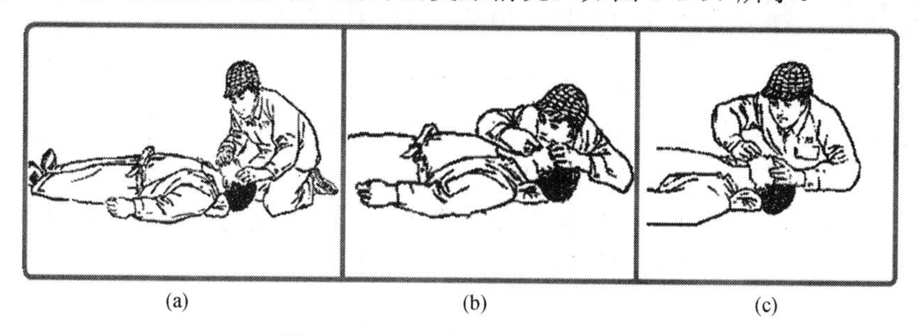

(a) (b) (c)

图 1-1-57 口对口人工呼吸法。

(a) 触电者平卧姿势；(b) 急救者吹气方法；(c) 触电者呼气姿态。

② 人工胸外挤压心脏法。若触电人伤害得相当严重，心脏和呼吸都已停止，人完全失去知觉，则需同时采用口对口人工呼吸和人工胸外挤压两种方法。如果现场仅有一个人抢救，可交替使用这两种方法，先胸外挤压心脏 4～6 次，然后口对口呼吸 2～3 次，再挤压心脏，反复循环进行操作。人工胸外挤压心脏的具体操作步骤如下：

解开触电人的衣裤，清除口腔内异物，使其胸部能自由扩张；

使触电人仰卧，姿势与口对口吹气法相同，但背部着地处的地面必须牢固；

救护人员位于触电人一边，最好是跨跪在触电人的腰部，将一只手的掌根放在心窝稍高一点的地方(掌根放在胸骨的下三分之一部位)，中指指尖对准锁骨间凹陷处边缘，如图 1-1-58(a)、(b)所示，另一只手压在这只手上，呈两手交叠状(对儿童可用一只手)；

救护人员找到触电人的正确压点，自上而下，垂直均衡地用力挤压，如图 1-1-58(c)、(d)所示，压出心脏里面的血液，注意用力适当；

挤压后，掌根迅速放松(但手掌不要离开胸部)，使触电人胸部自动复原，心脏扩张，血液又回到心脏。

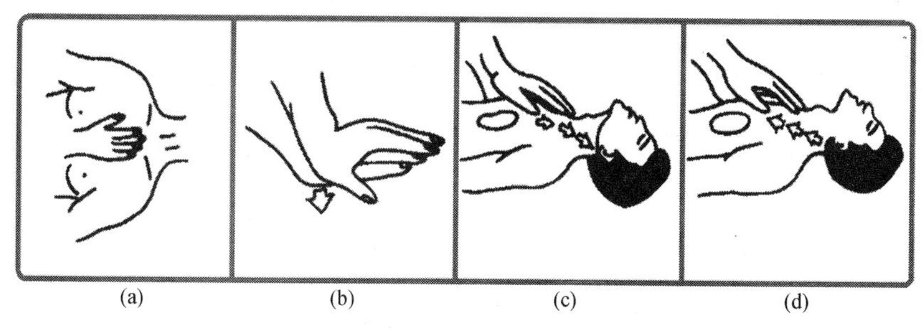

(a) (b) (c) (d)

图 1-1-58 人工胸外挤压心脏法

如果有人遭到雷击或电击，在等待专业急救的时候，应不失时机地进行人工呼吸和胸外心脏挤压，并及时送医院抢救。

第三部分：学习静电的产生、危害和防护知识

在电子制作中有一个看不见、摸不着的“杀手”——静电危害。静电是容易被忽视的，但是静电放电是会损伤元器件，甚至使元器件失效，造成严重损失，因此在电子组装、测试、维修中静电防护都非常重要。

对于学习电子维修专业和计算机专业的学生来说，了解静电产生的基本原理、静电对电子产品的危害以及静电的防护知识是完全必要的。

1．静电的产生

1) 静电的定义

静电指处于静止状态的电荷，多存在于物体的的表面。

2) 静电的产生形式

(1) 接触起电：两个不同材质的物体相互接触、摩擦或滑动引起的静电。

(2) 感应起电：两个不同的带电体互相接近引起的静电。

(3) 电荷迁移：电荷从一个物体迁移到另一个物体引起的静电。

(4) 分离破断起电：两个不同材质的物体分离开来或者一个物体断开分离时引起的静电。

3) 典型的静电源

静电源在我们周围随处可见，某些动作容易产生静电能，如接触、分离、摩擦等，如表 1-1-5 所列。撕扯胶带的动作能产生 20kV 的电压，甚至压缩空气冲击绝缘表面时也会产生很高的静电压。

表 1-1-5　各种静电源介绍

静电源	产生静电的材料
工作台面	打蜡、粉刷或清漆表面，未处理的聚乙烯和塑料玻璃
地板	灌封混凝土、打蜡或成品木板、地瓷砖和地毯
服装和人员	非 ESD 防护服、非 ESD 防护鞋、合成材料、头发、皮肤碎屑
座椅	成品木材、聚乙烯类、玻璃纤维、绝缘车轮
包装和操作材料	塑料袋、包、泡沫袋、塑料泡沫、聚苯乙烯、非 ESD 料盒、容器等
组装工具和材料	高压射流、压缩空气、合成毛刷、热风机、吹风机、复印件、打印机

4) 典型的静电电压生成强度

破坏性的静电常常由附近的导体引发(如人体的皮肤)，并释放到组件的导体上。当携带有静电荷的人体接触印制线路板时，就会发生静电释放。典型静电电压生成强度如表 1-1-6。

表 1-1-6　典型静电电压生成强度介绍

静电来源	湿度 10～20%	湿度 65～90%
地图上行走	35000V	1500V
聚乙烯地板上行走	12000V	250V
工作椅上的人员	6000V	100V
聚乙烯封套(工作指导书)	7000V	600V
工作台面上拿起塑料袋	20000V	1200V
有泡沫垫的工作座椅	18000V	1500V

静电电压生成的因素与湿度的关系最大，其次还有速度、所接触的材料的类型等。

2．静电的危害

随着微电子技术的迅猛发展，电子产品的更新换代周期越来越短，大规模集成电路(LSI)、超大规模集成电路(VLSI)、专用集成电路(ASIC)以及超高速集成电路(UHSIC)已广泛应用于各个领域。各种微电子器件已大大提高了集成度，而且做到了微功耗、高可靠、多功能。电路中的绝缘层越来越薄，其相互连接的导线宽度与间距越来越小，使得电磁敏感度提高，抗过电压能力却有所下降。这些器件在生产、运输、储存、周转和使用过程中，人体及周围环境中的静电源电压常常在几千伏甚至上万伏范围。如果不采取静电防护措施，将会造成严重的损失。据报道，日本曾统计，不合格电子器件中有 45%是由于静电造成的损坏。在电子工业领域，全球每年因静电造成的损失高达上百亿美元。

1) 静电的危害

静电危害是由于静电放电和静电场力而引起的，如图 1-1-59(a)、(b)所示。

2) 静电危害的具体表现

(1) 元器件吸附灰尘，改变线路间的电阻，影响元器件的功率和寿命。

(2) 由于电场或电流的作用，可能因破坏元件的绝缘性或导电性而使元件不能工作(全部破坏)。

(3) 由于瞬间电场或电流产生的热量，造成元件损伤。

(4) 由于静电放电造成的器件残次，可能使器件在工作现场突然失效，其损失将非常严重。

3．静电的防护与措施

静电在我们的生活中无处不在，良好的防护措施可以更好地保护我们的电子产品。具体防护措施如图 1-1-60 所示。

1) 静电防护

静电防护是指为防止静电积累所引起的人身电击火灾和爆炸，电子器件失效和损坏，以及对生产的不良影响而采取的防范措施。

2) 预防静电的基本原则

(1) 抑制或减少厂房内静电荷的产生，严格控制静电源。

(2) 安全、可靠的及时消除厂房内产生的静电荷，避免静电荷积累。

(3) 定期(如一周)对防静电设施进行维护和检验。

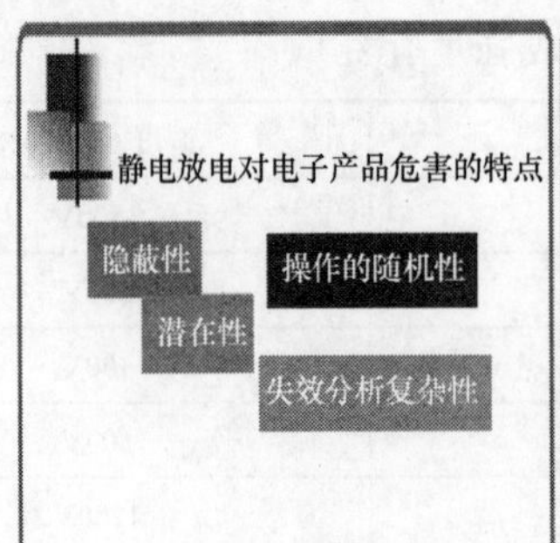

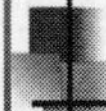

静电对ESDS器件的损害，可归纳为软失效和硬失效

软失效　90%

(1) 间歇失效：某些ESDS器件（如CPU或EPROM）受到静电放电后，产生存储信息的丢失或功能暂时变坏。且在ESD发生后重新输入信息后再开启通电能自动恢复正常运行。

(2) 翻转失效：由于静电放电，产生电气噪声经传导或辐射到含有ESDS器件的电路上，当ESD感应电压/或电流超过的信号电平。其工作状态将发生翻转。

硬失效　10%

静电源（如人体或物体放电、静电场或静电高压尖峰放电）放电，超过ESDS器件允许工作电压或电流值。造成击穿或烧毁，使ESDS器件内部开路或短路产生完全失效。

(a)

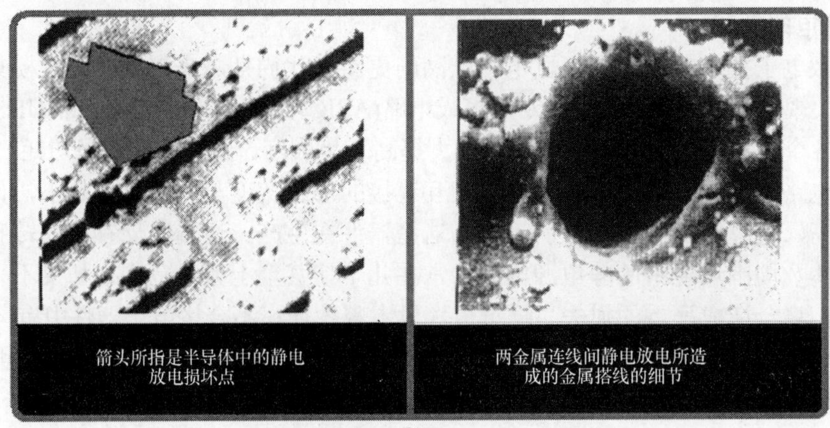

(b)

图 1-1-59　静电的危害

(a) 静电危害的特点；(b) 静电对电子产品的危害。

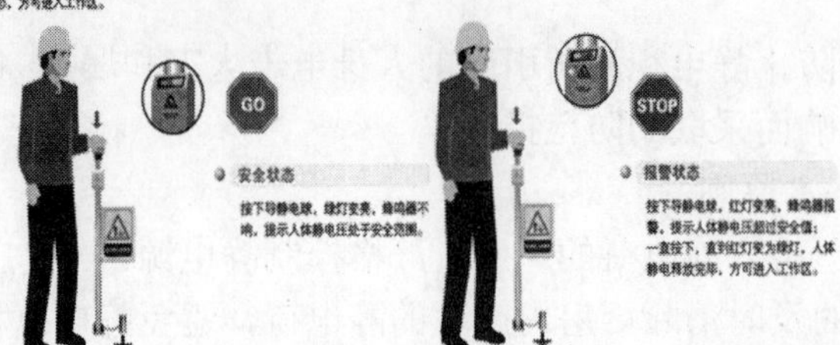

图 1-1-60　静电防护措施

3) 静电防护措施

(1) 预防人体带电对敏感元器件的影响。

(2) 预防电磁感应的影响。

(3) 预防器件本身带电的影响。

(4) 控制工作环境的温度。

4) 静电防护方法

静电的防护方法，如图 1-1-61～图 1-1-63 所示。

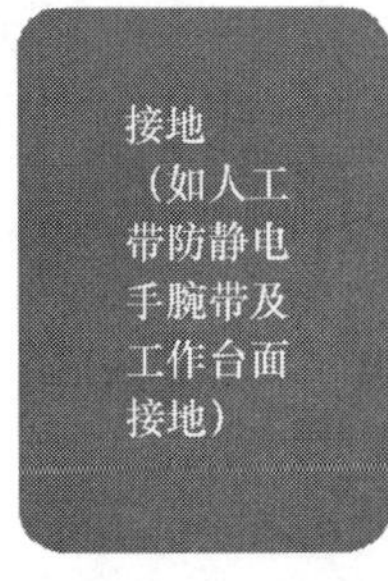

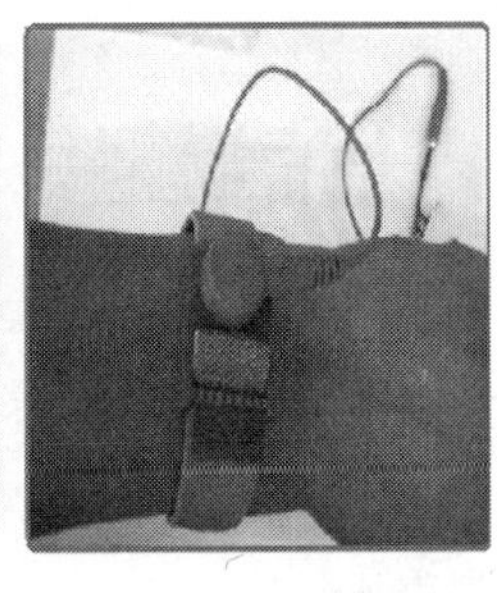

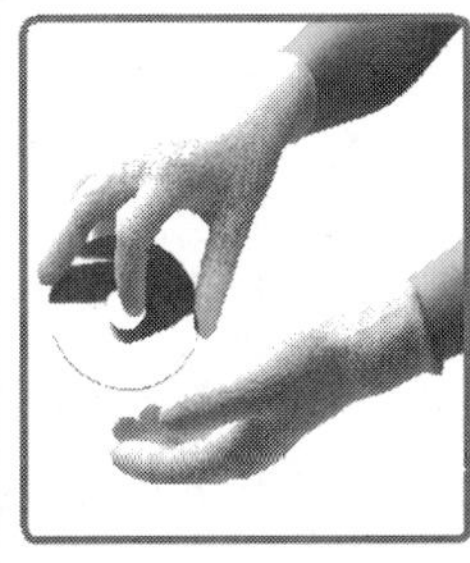

图 1-1-61　采用接地方式防静电

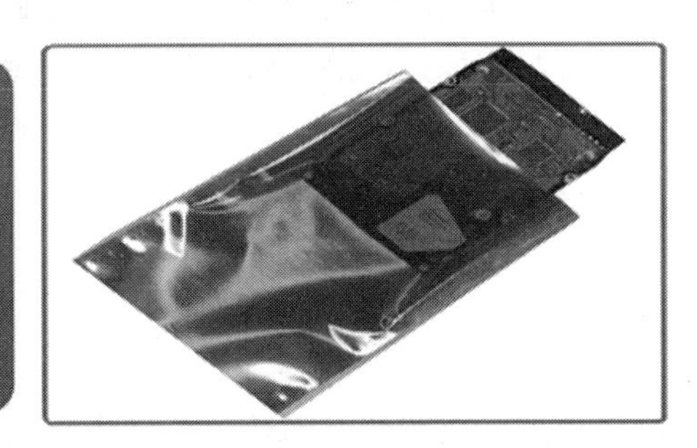

图 1-1-62　采用静电屏蔽方式防静电

图 1-1-63　利用离子风机防静电

5) 防静电设备

(1) 防静电仪表，包括：防静电手腕带检测仪；除静电离子风机检测仪；静电场探测仪；表面电阻测量仪；防静电离子风机、离子气枪，离子消除棒等。

(2) 接地系统设备，包括：防静电手腕带；防静电脚跟带/防静电鞋；防静电台垫；防静电地板；防静电腊和防静电油漆。

项目二 制作直流稳压电源

项目描述

在日常生活和工作中会接触到许多的电子设备，如计算机、手机、电视机等，这些电子设备无一例外的都需要直流电源供电。本项目通过制作直流稳压电源，介绍交流电转换成直流电的过程以及直流稳压电源的作用，使读者对电子设备的供电方式产生兴趣。

在制作直流稳压电源的过程中，需要掌握电子元器件的安装和焊接技术，了解电子产品的制作过程，熟练使用焊接工具和数字万用表。

【项目目标】

(1) 了解直流稳压电源的构成和交流电转换为直流电的过程。
(2) 了解 PCB 和插接式元器件的特点。
(3) 掌握插接式元器件的安装与焊接工艺。
(4) 能够完成直流稳压电源制作。
(5) 掌握使用万用表测量直流电方法。
(6) 锻炼学习意识，熟悉制作流程。

任务一 插接式元器件焊接练习

在这个项目中我们要学习插接式元器件的焊接，这和导线焊接是有一定区别的，请同学们要认真学习。

任务实施步骤

第一步：了解 PCB 线路板
第二步：练习插接式元器件的安装
第三步：练习插接式元器件的焊接
第四步：练习插接式元器件的拆焊

第一步：了解 PCB

1．PCB 的含义

PCB(Printed Circuit Board，印制电路板)又称印刷电路板、印刷线路板，如图 1-2-1 所示。

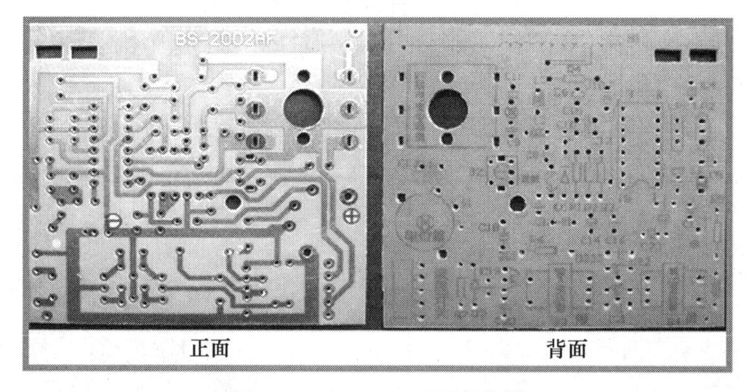

图 1-2-1　PCB 正反面实物图

2．PCB 的特性

1) 组成材料

PCB 由基板、铜箔两部分构成。其中基板由绝缘隔热、不易弯曲的材质制作而成；整个板子上覆盖着一层铜箔。

2) 特性

(1) 制作方法。根据电路原理图的连线方式进行设计，腐蚀掉没用的铜箔，留下来的部分就是元器件的连接导线。

(2) 表面特性。PCB 的背面通常为棕色，印有白色的文字与符号，用于标示元器件的位置；正面焊盘是铜黄色；导线是绿色(阻焊剂)。

(3) 阻焊剂的作用。是绝缘的防护层，可以保护铜线，也可以防止零件被焊到不正确的地方。

(4) 设计方法。手工设计和计算机辅助设计。

(5) 主要优点。由于图形具有重复性(再现性)和一致性，减少了布线和装配的差错，节省了设备的维修、调试和检查时间；设计上可以标准化，利于互换；布线密度高，体积小，质量轻，利于电子设备的小型化；利于机械化、自动化生产，提高了劳动生产率并降低了电子设备的造价。

3．PCB 的分类

根据 PCB 的电路布线层不同，可以将 PCB 分为三种，如图 1-2-2 所示。

图 1-2-2　PCB 的分类

1) 单面板

(1) 特点。单面板在最基本的 PCB 上，零件集中在其中一面，导线则集中在另一面上。因为导线只出现在其中一面，所以这种 PCB 称为单面板，如图 1-2-3 所示。

(2) 用途。因为单面板在设计线路上有许多严格的限制(因为只有一面，布线间不能交叉而必须绕独自的路径)，所以只有早期的或简单的电路才使用这类板子。

2) 双面板

(1) 特点。这种电路板的两面都有布线，如图 1-2-4 所示。

图 1-2-3　PCB 单面板实物图

图 1-2-4　PCB 双面板实物图

(2) 导孔。要用上两面的导线，必须在两面间有适当的电路连接才行。这种连接两面电路间的桥梁，叫做导孔。导孔是 PCB 上充满或涂上金属的小洞，它可以与两面的导线相连接。

(3) 用途。因为双面板的面积比单面板大了一倍，而且布线可以互相交错(可以绕到另一面)。所以，它更适合用在比单面板复杂的电路上。

3) 多层板

(1) 特点。为了在有限的面积上增加布线，多层板用上了更多单面或双面的布线板。多层板使用数片双面板，并在每层板间放进一层绝缘层后黏牢(压合)。板子的层数就代表了独立布线层的层数，通常层数都是偶数，并且包含最外侧的两层，如图 1-2-5 所示。

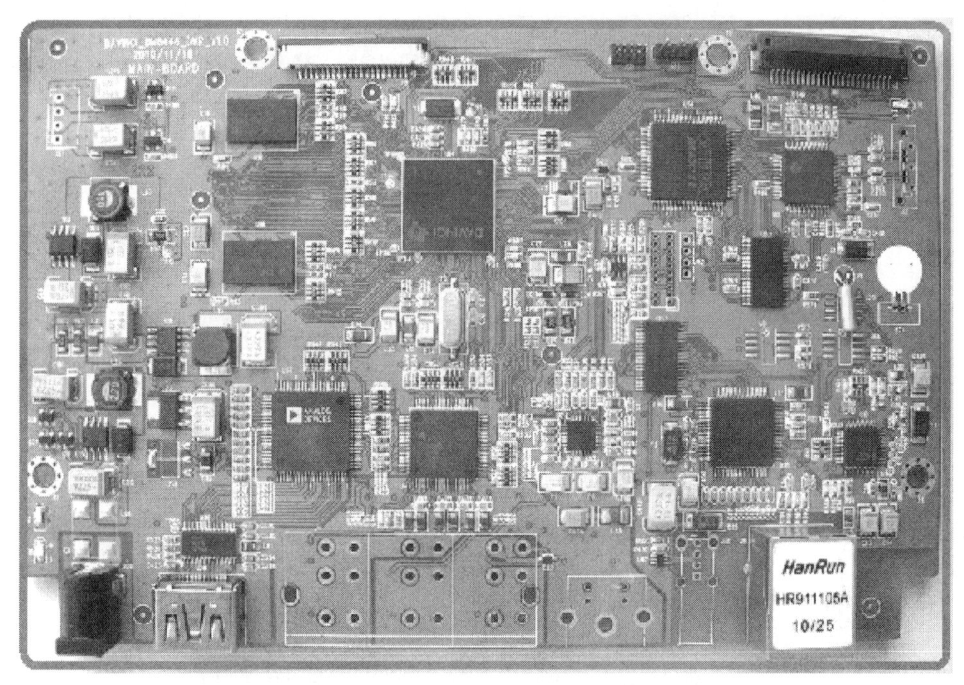

图 1-2-5　PCB 多层板(计算机主板)实物图

(2) 埋孔。埋孔是用导孔将内部各层 PCB 与表面 PCB 连接，不须穿透整个板子。

(3) 盲孔。盲孔是用导孔连接内部的 PCB，从表面看不出来。

(4) 多层板各层分类。分为信号层、电源层或地线层。有些 PCB 会有两层以上的电源层和地线层。

(5) 用途。计算机主机板都是 4～8 层的结构。

想要了解更多 PCB 的知识，可参看知识拓展。

第二步：练习插接式元器件的安装

1. 插接式元器件的安装方式

元器件根据其在电路板中位置的不同以及设计的需要，即使是同种的元器件也可以采用不同的安装方式，如图 1-2-6～图 1-2-8 所示。

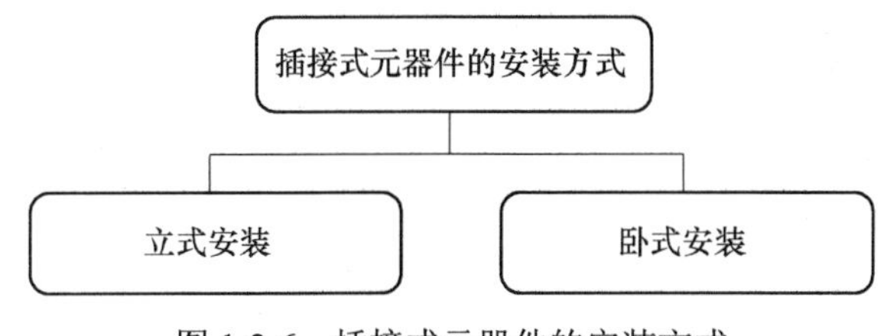

图 1-2-6　插接式元器件的安装方式

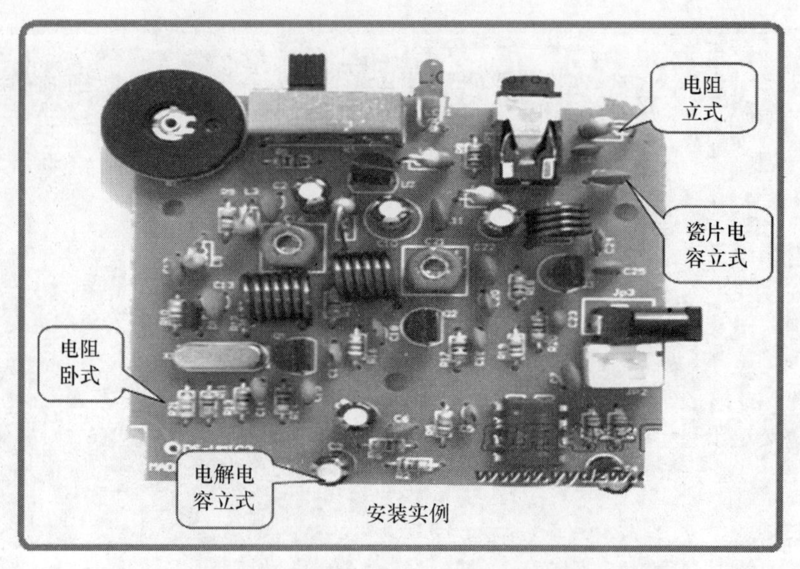

图 1-2-7　PCB 正面元器件安装实物图

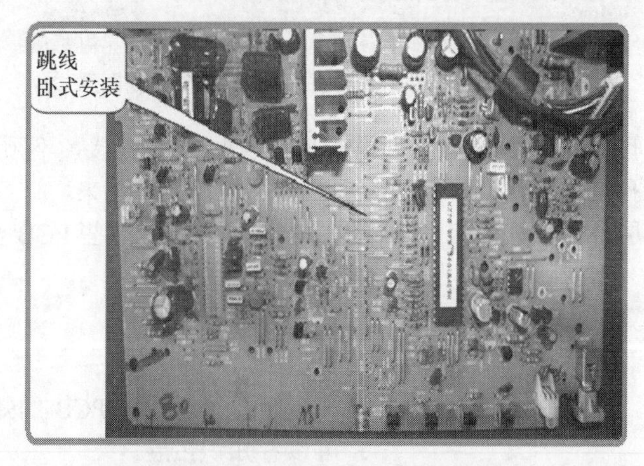

图 1-2-8　PCB 正面跳线安装实物图

2．插接式元器件的安装顺序

原则：元器件按照先小后大、先低后高、先贴片后插接的原则进行安装。

小贴士：按照这样的顺序安装，焊接起来会很方便。如果先安装高大的元器件，就可能妨碍其它元器件的安装，而且电路板还会在焊台上放不平，影响焊接心情。

3．插接式元器件的工艺要求

为了避免电路通电工作时元器件安装过高，元器件引线之间产生分布电容，影响电路功能，或者安装线路板时元器件倒卧造成短路，元器件安装时要尽量紧贴线路板。具体安装要求如下：

(1) 跳线——安装平直，紧贴线路板。

(2) 电阻——尽量采用卧式安装方式。

(3) 电容——电解电容注意极性，电容体紧贴线路板。

(4) 二极管——注意极性，根据功能要求进行安装。

第三步：练习插接式元器件的焊接

1. 手工焊接操作的五步法

正确的焊接方法可以帮助焊接人员快速掌握焊接的技术，在焊接的过程中能够起到事半功倍的效果，具体的焊接方式如图 1-2-9 所示。

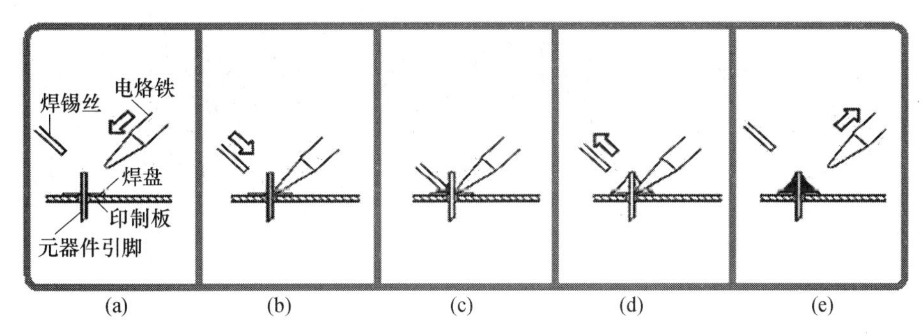

图 1-2-9　手工焊接操作五步法示意图

(a) 准备；(b) 加热；(c) 送锡；(d) 移开焊丝；(e) 移开烙铁。

焊接五步法详解

(1) 准备。左手拿焊丝，右手握烙铁，进入备焊状态。要求烙铁头保持干净，无焊渣等氧化物，并在表面镀有一层焊锡。

(2) 加热。烙铁头靠在两焊件的连接处，加热整个元器件引线和印制板上的焊盘，时间为 1～2s。

(3) 送锡。焊件的焊接面被加热到一定温度时，将焊锡丝送到印制板焊盘上。

注意：不要把焊锡丝送到烙铁头上！

(4) 移开焊丝。当焊丝熔化一定量后，立即向左上 45° 方向移开焊丝。

(5) 移开烙铁。焊锡均匀铺满焊盘并包裹住元器件引线四周后，向右上 45° 方向移开烙铁，结束焊接。

从第三步开始到第五步结束，时间为 2～4s(助焊剂发挥有效作用的时间)。

小贴士：对于吸收低热量的焊件而言，上述整个过程的时间不过 2 ~ 4s，各步骤节奏的控制，顺序的准确掌握，动作的熟练协调，都是通过大量实践并用心体会才能解决的问题。

有人总结出了在五步骤操作法中用数秒的办法控制时间：烙铁接触焊点后数一、二(约 2s)，送入焊丝后数三、四，移开烙铁，焊丝熔化量要靠观察决定。

此办法可供参考，但由于烙铁功率、焊点热容量的差别等因素，实际掌握焊接火候并无章法可循，必须具体条件具体对待。

2．典型焊点的形成及质量要求

1) 典型焊点的形成

在不同形式的PCB上进行焊接时所形成的焊点是有区别的，具体差异如图1-2-10所示。

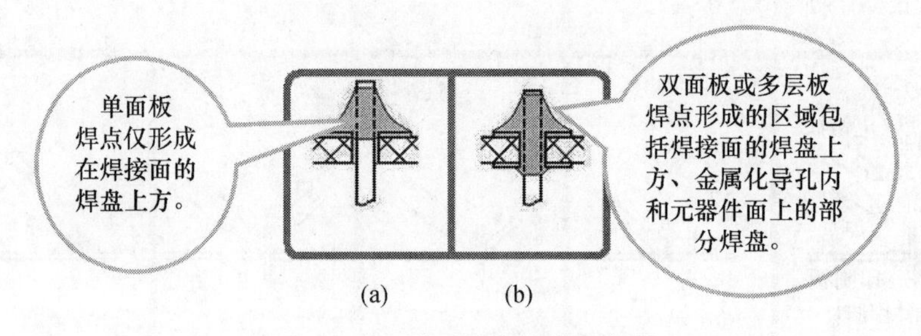

图 1-2-10　典型焊点标准示意图

(a) 单面板；(b) 双面板。

2) 典型焊点的外观要求

形状为近似圆锥而表面稍微凹陷，呈漫坡状，以焊接导线为中心，对称成裙形展开，如图 1-2-11 所示。在图 1-2-12 中有一些不合格的焊点，希望读者能够注意。

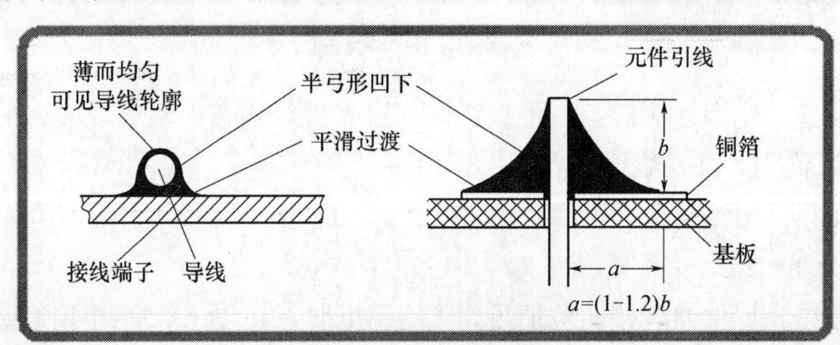

图 1-2-11　典型焊点外观示意图

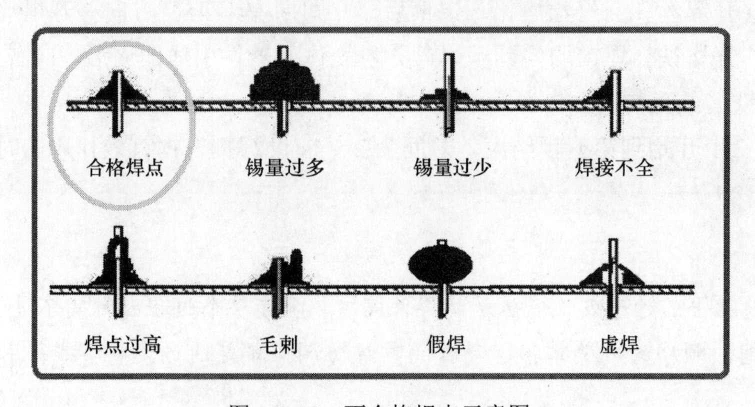

图 1-2-12　不合格焊点示意图

3) 焊点质量要求

焊接锡量适中，焊点表面平滑，无毛刺、针孔、虚焊。

4) 实操焊接练习

完成插接式元器件的安装、焊接练习，由老师指导和检查。

第四步：练习插接式元器件的拆焊

1. 普通元器件的拆焊方法

(1) 医用空心针头拆焊。

(2) 吸锡带拆焊。

(3) 吸锡器拆焊。

(4) 吸锡电烙铁拆焊。

2. 学习吸锡器的使用方法

1) 结构和用途

带活塞装置，用于拆焊或吸除多余焊锡，如图1-2-13所示。

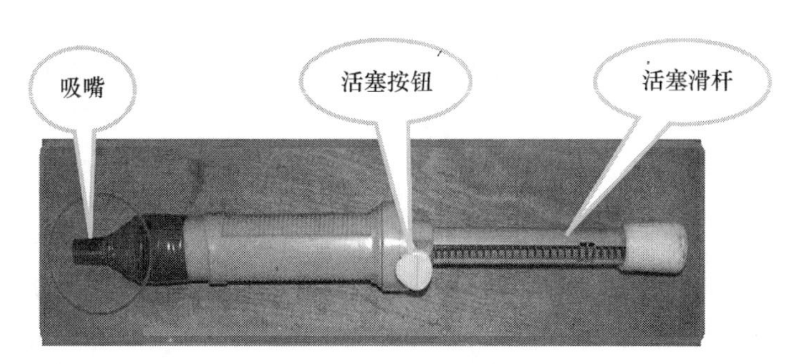

图 1-2-13 吸锡器实物图

2) 使用方法

先把吸锡器活塞向下压至卡住、用电烙铁加热焊点至焊料熔化、移开电烙铁的同时，迅速把吸锡器吸嘴贴上焊点，并按动吸锡器按钮。一次吸不干净，可重复操作多次，如图 1-2-14 所示。

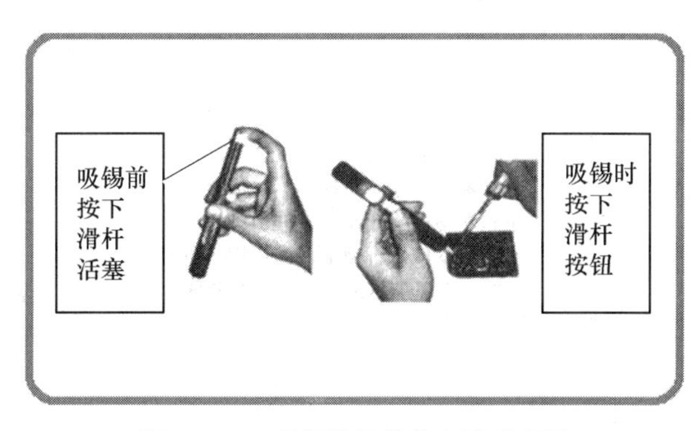

图 1-2-14 吸锡器的操作方法示意图

3．吸锡电烙铁的使用

该种电烙铁的实物图如图 1-2-15 所示。

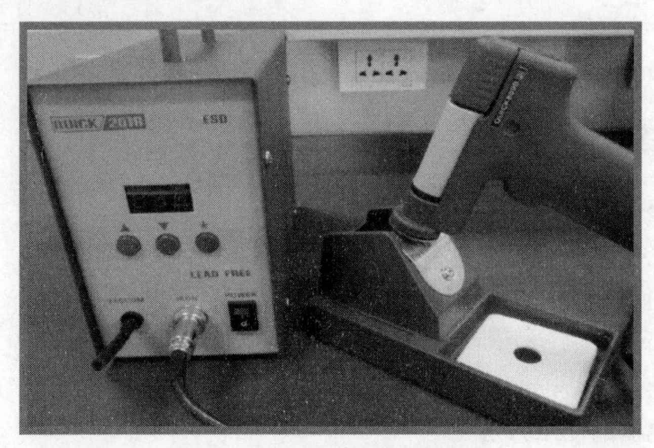

图 1-2-15　吸锡电烙铁实物图

(1) 功能。吸锡电烙铁是在普通烙铁的基础上增加吸锡机构，使其具有加热、吸锡两种功能。

(2) 操作。先用吸锡电烙铁加热焊点，等焊锡溶化后按动吸锡装置，即可将锡吸走。

小贴士：根据元器件引脚的粗细，可选用不同规格的吸锡头。标准吸锡头内径为 1mm、外径为 2.5mm。若元器件引脚间距较小，应选用内孔直径为 0.8mm、外径为 1.8mm 的吸锡头：若焊点大、引脚粗，可选用内孔直径为 1.5～2.0mm 的吸锡头。吸锡器在使用一段时间后必须清理，否则内部活动的部分或头部会被焊锡卡住。清理的方式随着吸锡器的不同而不同，不过大部分都是将吸锡头拆下来，再分别清理。

任务二　组装焊接直流稳压电源

任务实施步骤

第一步：清点配件
第二步：了解线性稳压电源
第三步：组装线性直流稳压电源
第四步：检测线性直流稳压电源

第一步：清点配件

产品简介：稳压充电器由稳压电源和充电器两部分组成，稳压电源输出3V、6V直流稳压电压，可作为收音机、收录机小型电器的外接电源；充电器可对5号、7号可充电池进行恒流充电。本套件的实物图如图1-2-16所示。套件内部的电子元器件可根据表1-2-1的内容进行清点。

产品功能多、操作方便、性能优良，具有输出功率大、工作稳定可靠等优点。

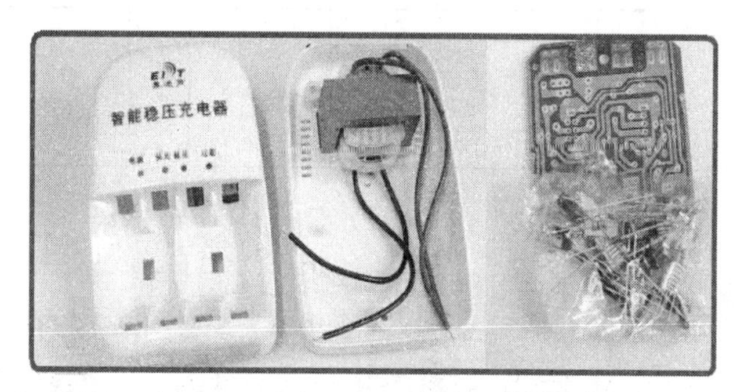

图1-2-16　直流稳压电源套件实物图

表1-2-1　直流稳压电源元器件清单

直流稳压电源元器件清单			
序号	名称	数量	单位
1	智能稳压充电器外壳	1	套
2	电源变压器	1	个
3	PCB线路板	1	块
4	二极管D1～D4	4	支
5	发光二极管(两红两绿)	4	支
6	电容	3	支
7	三极管	6	支
8	稳压管	2	支
9	电阻	19	支
10	开关	2	个
11	正极片	4	个
12	负极片	8	个
13	十字插头输出线	1	根
14	螺丝	3	粒

第二步：了解线性稳压电源

1. 线性稳压电源的组成及各部分作用

本任务中涉及一些新元器件的学习，这些元器件在电路中的作用及相关知识如图1-2-17所示。

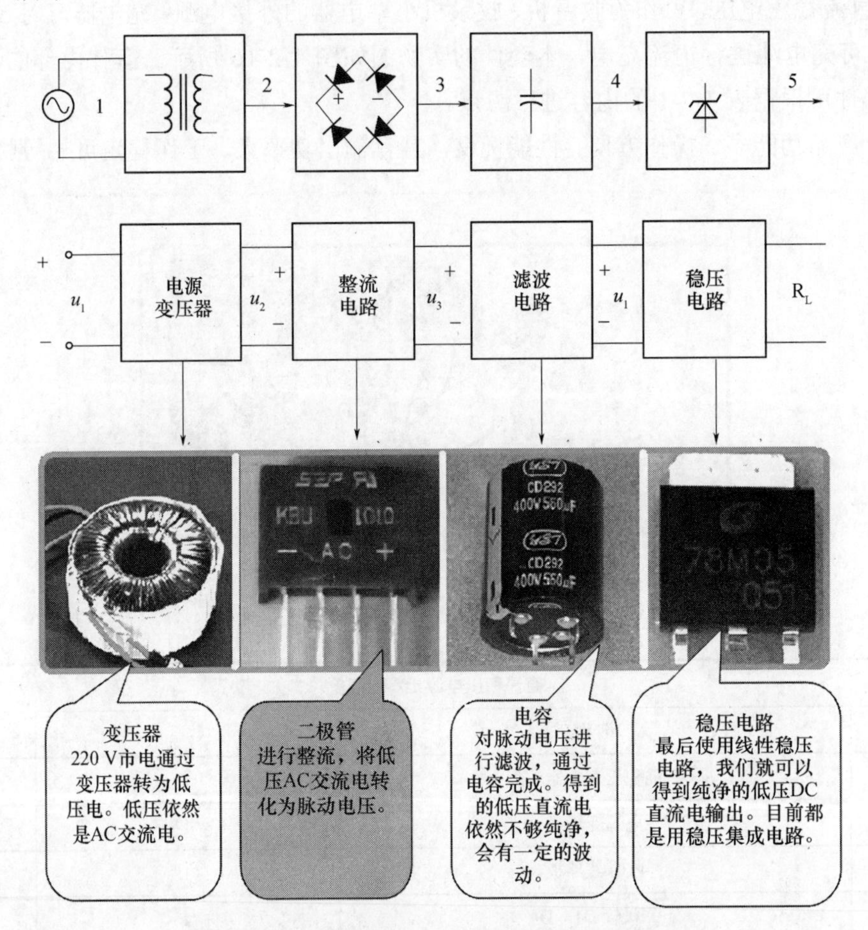

图 1-2-17　线性稳压电源组成方框图及实物图

2. 线性电源的电压波形

外接电压经过电路中的变压器、二极管、电容以及稳压电路等元器件时，电路中的电压均发生变化，如图1-2-18所示，使电压从最初的正弦交流电变为所需要的稳定的直流电。

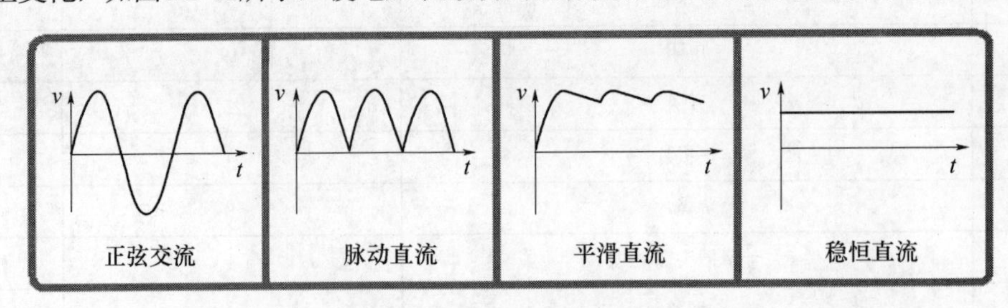

图 1-2-18　线性电源的电压波形

第三步：组装直流稳压电源

1．认识直流稳压电源原理图

在进行直流稳压电源制作之前，必须对该套件的电路图有一定的了解。图1-2-19给出了直流稳压电源的电路原理图。了解电源电路的原理图可以使我们在制作、调试直流稳压电源的过程中起到事半功倍的效果。

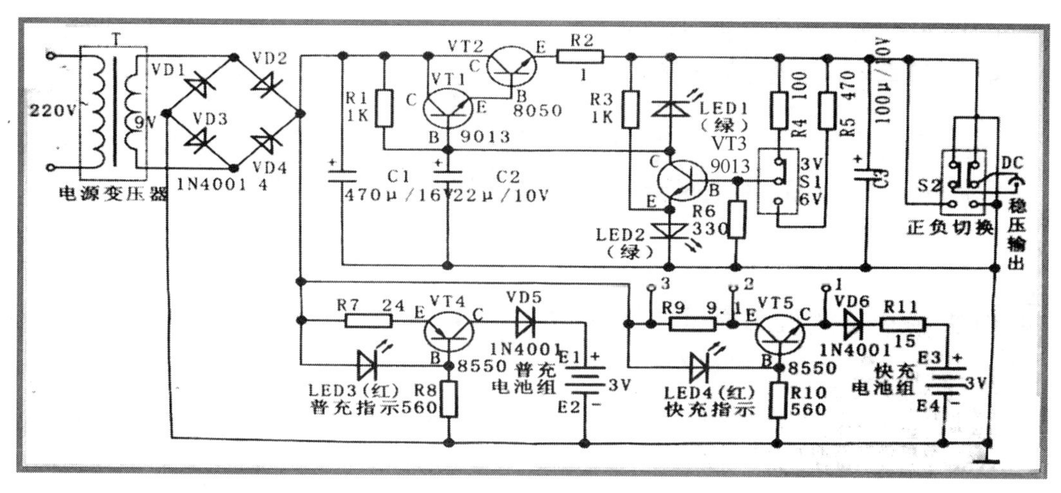

图 1-2-19　直流稳压电源电路原理图

2．认识直流稳压电源线路板图

图1-2-20给出了直流稳压电源的电源线路板，学习者可以将此电路板图与套件中的实物电路板进行比较，试着判断电路板的种类以各种元器件的安装位置等。

图 1-2-20　直流稳压电源线路板图

小贴士：原理图和线路板图虽然在外形上有很大的不同，但是它们之间的关系却密不可分。原理图便于学习电路的运行和作用，而线路板图便于焊接制作产品，在原理图中出现的元器件在线路板图中也会一一出现。

3．安装直流稳压电源的元器件

注意事项：

(1) 元器件按从低到高的顺序安装和焊接元器件。

(2) 电阻按阻值选择，根据焊盘孔距选择安装方式，卧式安装应紧贴线路板。

(3) 二极管、电解电容注意极性。

(4) 三极管注意型号。

(5) 稳压电源芯片注意管脚顺序。

4．焊接直流稳压电源的元器件

焊接时，请严格按照任务一中所学的焊接知识，保证焊点质量！

第四步：检测直流稳压电源

1．直观检查法

制作完成后，首先采用直观法，检查元器件安装、连线是否正确规范，焊点有无漏焊、连焊等缺陷。

2．万用表测量法

用数字万用表测量输出电压是否在正常值的范围，输出插头部分是否有短路现象。

(1) 数字万用表挡位。选择 DCV 或 V-直流电压挡，如图1-2-21所示。

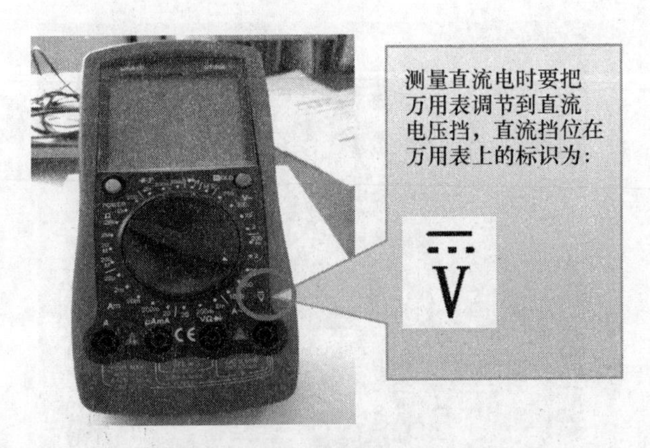

图 1-2-21 万用表直流挡位调节

(2) 测量输出电压。接通电源，稳压电源的电源指示灯亮，用万用表的红表笔接插头的“芯”、黑表笔接外表金属部分进行测量，如图 1-2-22 所示。万用表即显示直流稳压电源的输出电压值，此电源有 3V 和 6V 两种电压输出。

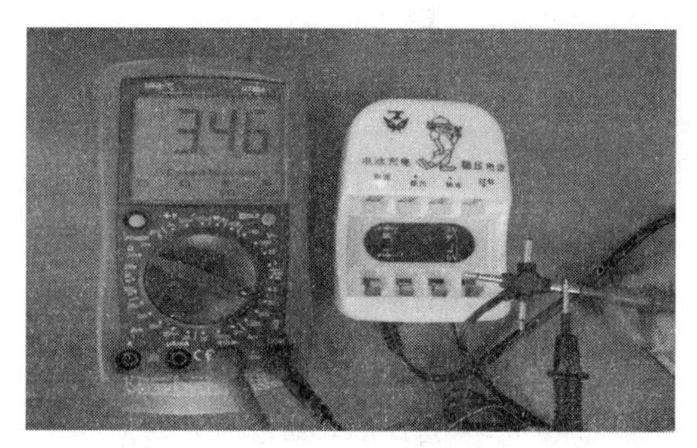

图 1-2-22　使用万用表测量输出电压

知识拓展

第一部分：计算机开关电源维修图解

一颗强劲的 CPU 可以带着我们在复杂的数码世界里飞速狂奔，一块超酷的显示卡会带着我们在绚丽的三维世界里领略五光十色的震撼，一块发烧级的声卡能带领我们进入美妙的音乐殿堂，一个强劲而稳定工作的计算机电源则是计算机能出色工作的必要保证。

计算机开关电源工作电压较高，通过的电流较大，因此，使用过程中故障率较高。对于电源产生的故障，不少朋友束手无策，其实，只要有一点电子电路知识，就可以轻松维修电源。图 1-2-23 为计算机电源内部电路图。

图 1-2-23　计算机电源内部电路图

计算机开关电源的工作原理是：电源先将高电压交流电(220V)通过全桥二极管(图1-2-24、图1-2-25)整流以后成为高电压的脉冲直流电，再经过电容滤波(图1-2-26)以后即成为高压直流电。

图 1-2-24　电源内部全桥二极管电路

图 1-2-25　电源内部整流全桥电路

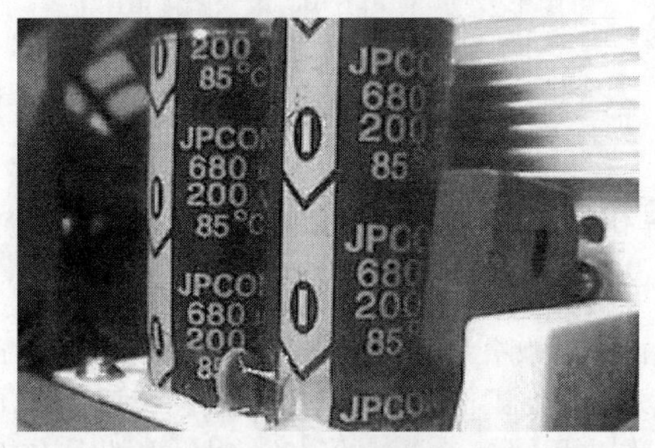

图 1-2-26　电源内部电源滤波电路

此时，控制电路控制大功率开关三极管将高压直流电按照一定的高频频率分批送到高频变压器的初级(图 1-2-27)。接着，把从次级线圈输出的降压后的高频低压交流电通过整流滤波转换为能使计算机工作的低电压强电流的直流电。其中，控制电路是必不可少的部分。它能有效地监控输出端的电压值，并向功率开关三极管发出信号控制电压上下调整的幅度。在计算机开关电源中，电源输入部分工作在高电压、大电流的状态下，故障率最高；输出直流部分的整流二极管、保护二极管、大功率开关三极管，较易损坏；脉宽调制器 TL494 的 4 脚电压是保护电路的关键测试点，也会出现故障。工程师们通过对多台电源的维修，总结出了对付电源常见故障的方法。

图 1-2-27　电源内部

1．在断电情况下“望、闻、问、切”

由于检修电源要接触到 220V 高压电，人体一旦接触 36V 以上的电压就有生命危险。

因此，在有可能的条件下，尽量先检查一下在断电状态下有无明显的短路、元器件损坏故障。首先，打开电源的外壳，检查保险丝(图 1-2-28)是否熔断，再观察电源的内部情况，如果发现电源的 PCB 上元件破裂，则应重点检查此元件，一般来讲这是出现故障的主要原因；闻一下电源内部是否有糊味，检查是否有烧焦的元器件；问一下电源损坏的经过，是否对电源进行过违规的操作，这一点对于维修任何设备都是必需的。在初步检查以后，还要对电源进行更深入地检测。

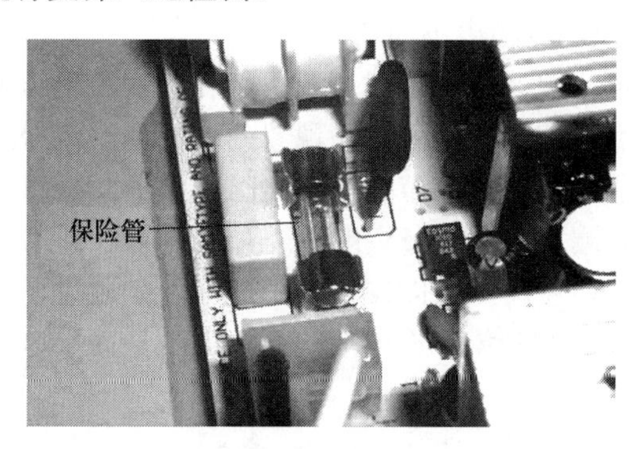

图 1-2-28　电源内部保险管

其次，用万用表测量 AC 电源线两端的正反向电阻及电容器充电情况，如果电阻值过低，说明电源内部存在短路，正常时其阻值应能达到 100 kΩ 以上；电容器应能够充放电，如果损坏，则表现为 AC 电源线两端阻值低，呈短路状态，否则可能是开关三极管 VT1、VT2 击穿。

最后，检查直流输出部分。脱开负载，分别测量各组输出端的对地电阻，正常时，表针应有电容器充放电摆动，最后指示的应为该路的泄放电阻的阻值；否则多数是整流二极管反向击穿所致。

2．加电检测

检修 ATX 开关电源，应从 PS-ON 和 PW-OK、+5V SB 信号入手。脱机带电检测 ATX 电源待机状态时，+5V SB、PS-ON 信号高电平，PW-OK 低电平，其他电压无输出。ATX 电源由待机状态转为启动受控状态的方法是：用一根导线把 ATX 插头 14 脚 PS-ON 信号，与任一地端 3、5、7、13、15、16、17 中的一脚短接，此时 PS-ON 信号为零电平，PW-OK、+5V SB 信号为高电平，开关电源风扇旋转，ATX 插头+3.3V、+5V、+12V 有输出。

在通过上述检查后，就可通电测试。这时候才是关键所在，需要一定的经验、电子基础及维修技巧。一般应重点检查电源的输入端，开关三极管，电源保护电路以及电源的输出电压电流等。如果电源启动一下就停止，则该电源处于保护状态下，可直接测量 TL494 的 4 脚电压，正常值应为 0.4V 以下，若测得电压值为+4V 以上，则说明电源的处于保护状态下，应重点检查产生保护的原因。由于接触到高电压，因此电子基础不够扎实的同学应小心操作。

3．常见故障

1) 保险丝熔断

一般情况下，保险丝熔断说明电源的内部线路有问题。由于电源工作在高电压、大电流的状态下，电网电压的波动、浪涌都会引起电源内电流瞬间增大而使保险丝熔断。重点应检查电源输入端的整流二极管、高压滤波电解电容、逆变功率开关管等，检查这些元器件有无击穿、开路、损坏等。如果确实是保险丝熔断，应该首先查看电路板上的各个元件，看这些元件的外表有没有被烧糊，有没有电解液溢出。如果没有发现上述情况，则先用万用表进行测量，如果测量出两个大功率开关管 e、c 极间的阻值小于 100kΩ，说明开关管损坏。然后测量输入端的电阻值，若小于 200kΩ，说明后端有局部短路现象。

2) 无直流电压输出或电压输出不稳定

如果保险丝是完好的，可是在有负载情况下，各级直流电压无输出。这种情况主要是以下原因造成的：电源中出现开路、短路现象，过压、过流保护电路出现故障，振荡电路没有工作，电源负载过重，高频整流滤波电路中整流二极管被击穿，滤波电容漏电等。这时，首先用万用表测量系统板+5V 电源的对地电阻，若大于 0.8Ω，则说明电路板无短路现象；然后将计算机中不必要的硬件暂时拆除，如硬盘、光盘驱动器等，只留下主板、电源、蜂鸣器；最后再测量各输出端的直流电压，如果这时输出为零，则肯定是电源的控制电路出了故障。

3) 电源负载能力差

电源负载能力差是一个常见的故障，一般都是出现在老式或是工作时间长的电源中，主要原因是各元器件老化、开关三极管的工作不稳定、没有及时进行散热等，应重点检查稳压二极管是否发热漏电、整流二极管是否损坏、高压滤波电容是否损坏、晶体管工作点是否选择好等。

4) 通电无电压输出，电源内发出“吱吱”声

这是电源过载或无负载的典型特征。先仔细检查各个元件，重点检查整流二极管、开关管等。经过仔细检查，发现一个整流二极管 1N4001 的表面已烧黑，而且电路板也给烧黑了。找同型号的二极管换下，用万用表测量，如击穿，则接上电源，如果风扇不转，“吱吱”声依然，再用万用表测量，如发现+12V 输出只有+0.2V，+5V 只有 0.1V，则说明元件被击穿时电源启动自保护。测量初级和次级开关管，如发现初级开关管中有一个已损坏，则更换相同型号的开关管，即可排除故障，一切正常。

5) 没有“吱吱”声，保险丝换一个烧一个

由于保险丝不断地熔断，搜索范围就缩小了。可能性只有三个：整流桥击穿、大电解电容击穿或初级开关管击穿。电源的整流桥一般是分立的四个整流二极管，或是将四个二极管固化在一起。将整流桥拆下测量，结果正常。大电解电容拆下测试后也正常，注意焊回时要注意正负极。最后就只剩开关管了。这个电源的初级只有一个大功率的开关管。拆下测量果然击穿，更换同型号开关管，问题即可解决。

其实，维修电源并不难，一般电源损坏都可以归结为保险丝熔断、整流二极管损坏、滤波电容开路或击穿、开关三极管击穿以及电源自保护等，因开关电源的电路较简单，故障类型少，很容易判断出故障位置。只要有足够的电子基础知识，多看相关资料，多动手操作，平时注意经验的积累，即可轻松检修电源故障。

4．导线功能

图 1-2-29 所示为计算机电源的接口信息，健全的计算机电源中都具备 9 种颜色的导线(目前主流电源都省去了白线)，它们的具体功能如下。

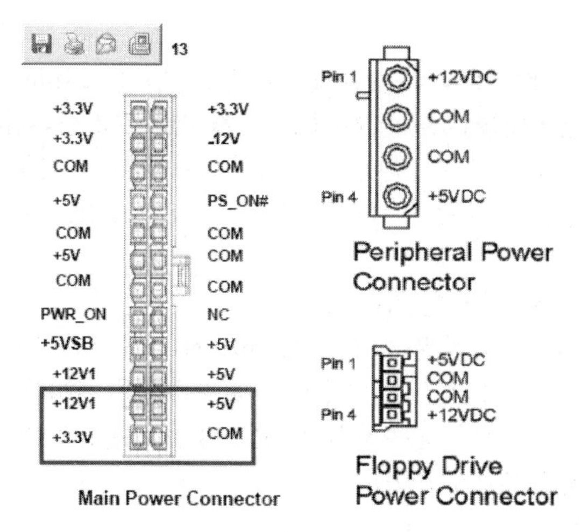

图 1-2-29 计算机电源的接口

1) 黑色：COM

在图 1-2-29 中，该中原色在电源接口线中是接地线的意思，与电路中的 GND 意思是相同的，在个别接口介绍的时候也常用 GND 表示。一个健全的电源接口中有八根接地线。

2) 黄色：＋12V

黄色的线路在电源中应该是数量较多的一种，随着加入了 CPU 和 PCI-E 显卡供电成分，+12V 电源的作用在电源里举足轻重。

+12V 电源一直以来为硬盘、光驱、软驱的主轴电动机和寻道电动机提供电源，并为 ISA 插槽提供工作电压和串口设备等电路逻辑信号电平。+12V 电源的电压输出不正常时，常会造成硬盘、光驱、软驱的读盘性能不稳定。当电压偏低时，表现为光驱挑盘严重，硬盘的逻辑坏道增加，经常出现坏道，系统容易死机，无法正常使用；电压偏高时，光驱的转速过高，容易出现失控现象，较易出现炸盘现象，硬盘表现为失速、飞转。目前，如果+12V 供电短缺，会直接影响 PCI-E 显卡性能，并且影响到 CPU，直接造成死机。

3) 蓝色：−12V

−12V 电源为串口提供逻辑判断电平，需要电流不大，一般在 1A 以下，即使电压偏差过大，也不会造成故障，因为逻辑电平的 0 电平为−3V～−15V，范围很宽。

4) 红色：＋5V

红色导线数量与黄色导线相当，+5V 电源给 CPU 和 PCI、AGP、ISA 等集成电路提供工作电压，是计算机中主要的工作电源。目前，CPU 都使用+12V 和+5V 的混合供电，因此对于+5V 电源的要求已经没有以前那么高。只是在最新的 Intel ATX12V 2.2 版本加强了+5V 电源的供电能力，加强双核 CPU 的供电。它的电源质量的好坏，直接关系着计算机的系统稳定性。

5) 白色：−5V

目前，市售电源中很少有带白色导线的，白色−5V 电源也为逻辑电路提供判断电平，需要电流很小，一般不会影响系统正常工作，基本是可有可无的。

6) 橙色：+3.3V

这是 ATX 电源专门设置的，为内存提供电源。最新的 24pin 主接口电源中，着重加强了+3.3V 供电。该电压要求严格，输出稳定，纹波系数要小，输出电流大，要 20A 以上。一些中高档次的主板为了安全都采用大功率场管控制内存的电源供应，不过也会因为内存插反而烧毁管子。使用+2.5V DDR 内存和+1.8V DDR2 内存的平台，主板上都安装了电压变换电路。

7) 紫色：+5VSB(+5V 待机电源)

ATX 电源通过 PIN9 向主板提供+5V、720mA 的电源，这个电源为 WOL(Wake-up On Lan)、开机电路、USB 接口等电路提供电源。如果不使用网络唤醒等功能，最好将此类功能关闭，跳线去除，可以避免这些设备从+5V SB 供电端分取电流。这路输出电压的供电质量，直接影响计算机待机时的功耗。

8) 绿色：P－ON(电源开关端)

该端口通过电平控制电源的开启。当该端口的信号电平大于 1.8V 时，主电源为关；如果信号电平为低于 1.8V 时，主电源为开。使用万用表测试该脚的输出信号电平，一般为 4V 左右。因为该脚输出的电压为信号电平。这里介绍一个初步判断电源好坏的办法：使用金属丝短接绿色端口和任意一条黑色端口，如果电源无反应，表示该电源损坏。现在的电源很多加入了保护电路，短接电源后判断没有额外负载，会自动关闭。因此，需要仔细观察电源一瞬间的启动。

9) 灰色：P－OK(电源信号线)

一般情况下，如果灰色线 P-OK 的输出在 2V 以上，那么这个电源就可以正常使用；如果 P-OK 的输出在 1V 以下，这个电源将不能保证系统的正常工作，必须更换。这也是判断电源寿命及是否合格的主要手段之一。

通过掌握电源导线的种类可以更清晰地认识电源的输出规格，便于选购电源和排除故障。

图 1-2-30 给出了开关电源电路图，有兴趣的读者可以结合前面的知识自己学习。

第二部分：其它常见电源的工作原理

1. 自激式开关稳压电源

自激式开关稳压电源的典型电路如图 1-2-31 所示。这是一种利用间歇振荡电路组成的开关电源，也是目前广泛使用的基本电源之一。

当接入电源后，通过 R_1 给开关管 VT_1 提供启动电流，使 VT_1 开始导通，其集电极电流 I_c 在 L_1 中线性增长，在 L_2 中感应出使 VT_1 基极为正、发射极为负的正反馈电压，使 VT_1 很快饱和。与此同时，感应电压给 C_1 充电，随着 C_1 充电电压的增高，VT_1 基极电位逐渐变低，致使 VT_1 退出饱和区，I_c 开始减小，在 L_2 中感应出使 VT_1 基极为负、发射极为正的电压，使 VT_1 迅速截止，这时二极管 VD_1 导通，高频变压器 T 初级绕组中的储能释放给负载。在 VT_1 截止时，L_2 中没有感应电压，直流供电输入的电压又经 R_1 给 C_1 反向充电，逐渐提高 VT_1 基极电位，使其重新导通，再次翻转达到饱和状态，电路就这样重复振荡下去。就像单端反激式开关电源那样，由变压器 T 的次级绕组向负载输出所需要的电压。

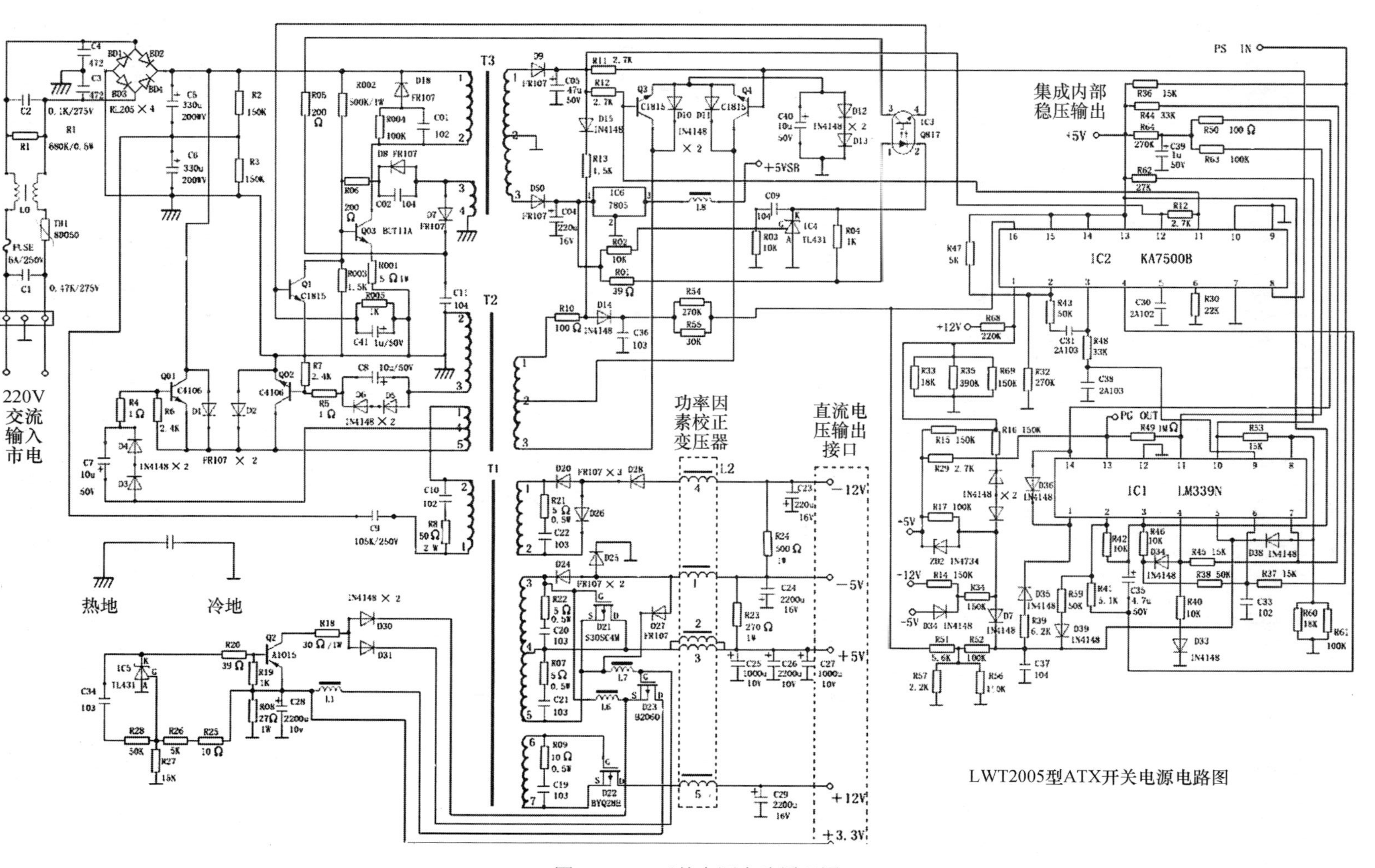

LWT2005型ATX开关电源电路图

图 1-2-30　开关电源电路原理图

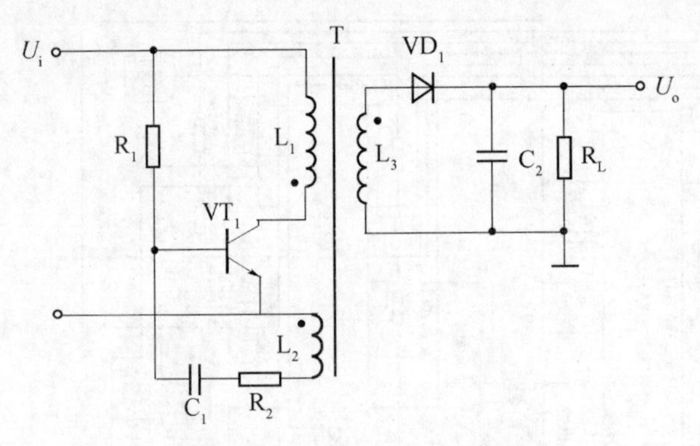

图 1-2-31　自激式开关电源

自激式开关电源中的开关管起着开关及振荡的双重作用，也省去了控制电路。电路中由于负载位于变压器的次级且工作在反激状态，具有输入和输出相互隔离的优点。这种电路不仅适用于大功率电源，亦适用于小功率电源。

2．推挽式开关电源

推挽式开关电源的典型电路如图 1-2-32 所示。它属于双端式变换电路，高频变压器的磁芯工作在磁滞回线的两侧。电路使用两个开关管 VT_1 和 VT_2，两个开关管在外激励方波信号的控制下交替导通与截止，在变压器 T 次级绕组得到方波电压，经整流滤波变为所需要的直流电压。

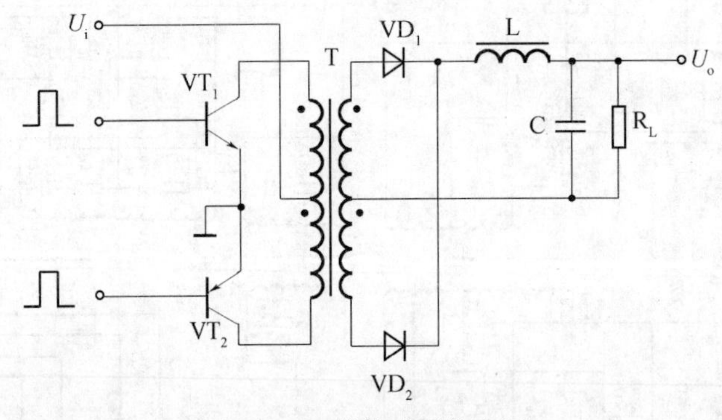

图 1-2-32　推挽式开关电源

这种电路的优点是两个开关管容易驱动，主要缺点是开关管的耐压要达到电路峰值电压的 2 倍。电路的输出功率较大，一般为 100～500W。

3．降压式开关电源

降压式开关电源的典型电路如图1-2-33所示。当开关管VT_1导通时，二极管VD_1截止，输入的整流电压经VT_1和L向C充电，这一电流使电感L中的储能增加。当开关管VT_1截止时，电感L感应出左负、右正的电压，经负载R_L和续流二极管VD_1释放电感L中存储的能量，维持输出直流电压不变。电路输出直流电压的高低由加在VT_1基极上的脉冲宽度确定。

这种电路使用元件少，它同下面介绍的另外两种电路一样，只需要利用电感、电容和二极管即可实现。

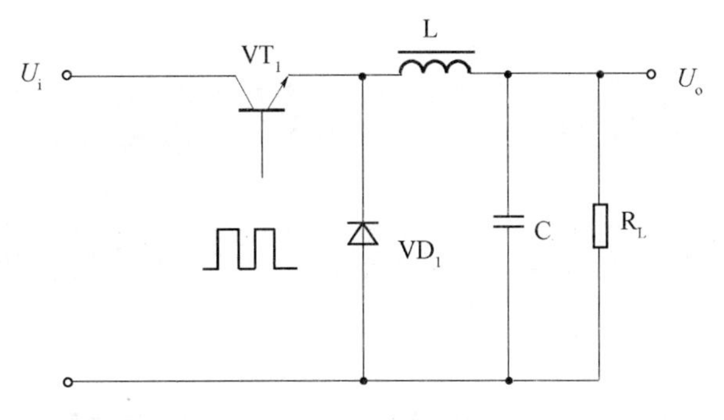

图 1-2-33　降压式开关电源

以上介绍了部分脉冲宽度调制式开关稳压电源的基本工作原理和各种电路类型，在实际应用中，会有各种各样的实际控制电路，但这些电路都是在以上基础上发展出来的。

学习单元二　搭建阻容应用电路

项目一　制作 LED 照明灯

项目描述

电子设备都是由电子元器件构成的，电子元器件的种类有许多，在这个项目里我们先学习两种常用元器件，即电阻和晶体二极管，包括认识它们的外形，掌握电路符号、种类、单位、测量等相关知识。

在 LED 照明灯的制作过程中，应熟悉电子产品的制作流程，进一步提高对常用元器件的安装、焊接、检测的能力，建立电子电路基本概念，初步建立电子产品的维修思路，积累实践经验。

【项目目标】

(1) 掌握电阻和晶体二极管的电路符号、种类、电路作用及维修代换原则。
(2) 了解小型电子产品的安装工艺要求和制作流程。
(3) 识读 LED 照明灯电路原理图和线路板图，了解线路板图的转换方法。
(4) 能正确识别电阻和晶体二极管。
(5) 会用数字万用表检测电阻和晶体二极管。
(6) 能完成 LED 照明灯的组装与调试。
(7) 掌握简单串联直流电路的特点。

任务一　清点与检测 LED 照明灯中元器件

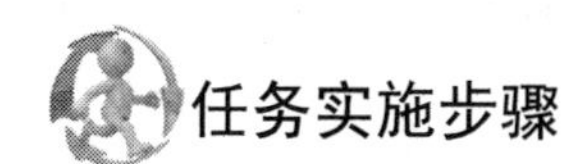

任务实施步骤

第一步：清点识别 LED 照明灯中元器件
第二步：识读并检测电阻
第三步：识读并检测晶体二极管

第一步：清点识别 LED 照明灯中元器件

产品简介

LED 照明灯是以发光效率高、耗电小、寿命长的发光二极管作为光源制作的一种新型节能绿色照明灯。

功耗：3.3W 左右(24h 耗电不足 0.08kW・h)。

亮度：相当于 40W 白炽灯或 7～9W 的节能灯。

外观：采用磨砂灯罩，在保证较高透光率的同时，也使得直视 LED 时不刺眼。

适用场合：书桌、床头、厨房、卫生间等区域不太大的地方，作为照明使用。

1．认识 LED 照明灯外观

LED 照明灯由塑料灯体、透明灯罩和金属灯口组成，灯罩里面是由 60 只高亮度发光二极管组成的发光灯板，灯口为螺纹口结构，电路板装在灯体内部，如图 2-1-1 所示。

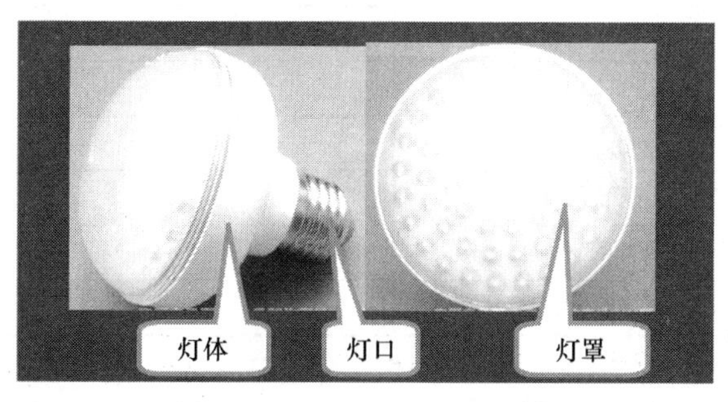

图 2-1-1　LED 照明灯外观图

2．认识 LED 照明灯套件

图 2-1-2 给出了 LED 照明灯的实物图，学习者可以根据图片上的信息先认识一下套件的各个组成部分。

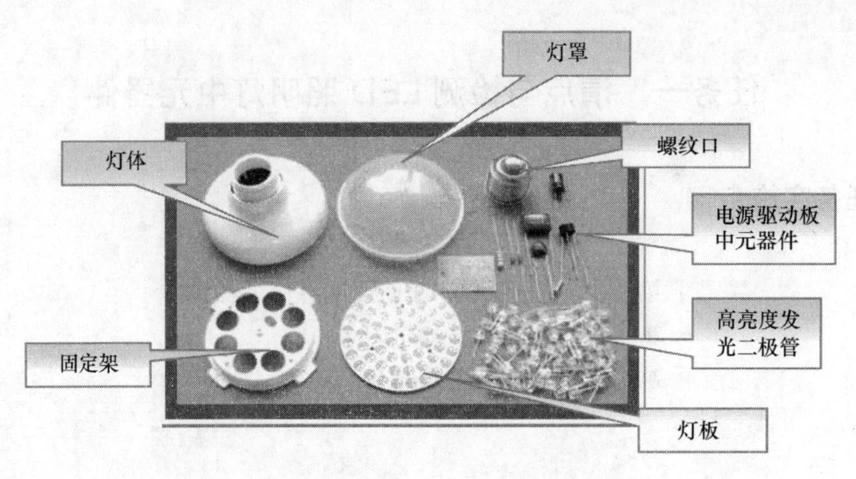

图 2-1-2　LED 照明灯元件实物图

3．LED 照明灯套件清

表 2-1-1 给出了 LED 照明灯制作的过程中所涉及到的所有元器件，根据该表格可区分、清点套间内的所有元器件。

表 2-1-1　LED 照明灯套件元器件清单

序号	名称	标称值	数量/(个/只/条)
1	电阻	5Ω	1
2		1MΩ	2
3		470Ω	1
4	普通电容	0.56μF	1
5	电解电容	4.7μF	1
6	整流全桥		1
7	高亮度发光二极管	导通电压为 3V	60
8	LED 印制灯板		1
9	印制电源驱动板		1
10	灯体与螺纹口		1
11	磨砂灯罩		1
12	固定架		1
13	自攻螺钉		1
14	热胶块		1
15	细导线		2

第二步：识读并检测电阻

1．认识电阻

在 LED 照明灯中涉及两种电阻，一种是 NTC 的热敏电阻，另一种是色环电阻，如图 2-1-3 所示。

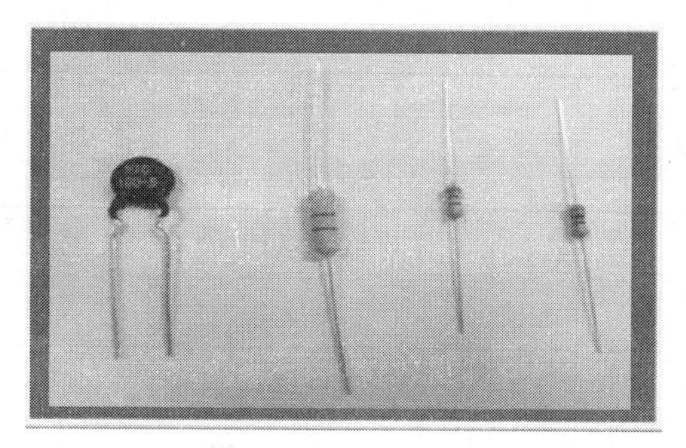

图 2-1-3　LED 照明灯电阻实物图

2．识读电阻

1) 阻值标注方法

为了适应电子元器件不断小型化的发展趋势，国际通用的方法是在体积较小的圆柱形元件体上印制色环，来表示它们的标称值及误差的大小，这种方法称为色码标注法，简称色标法。

用色标法标注的电阻，称为色环电阻。色环电阻有五色环和四色环之分，如图 2-1-4 所示。

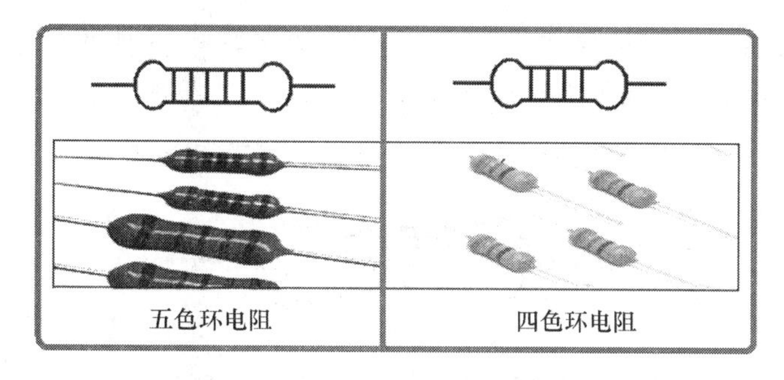

图 2-1-4　色环电阻示意图

色环电阻的含义：在电阻器上用不同颜色的环来表示电阻的规格。

说明：色环电阻上标明的环状颜色代表它的阻值，不同颜色代表不同的数字，每条色环有不同的含义，一共有十二种颜色，如表 2-1-2 所列。

表 2-1-2　电阻色环颜色与数字对应表

色环颜色	代表数字	倍乘数 (有效数字后面“0”的个数)	允许偏差
黑	0	10^0(没有“0”)	
棕	1	10^1(1个“0”)	± 1%
红	2	10^2(2个“0”)	± 2%

(续)

色环颜色	代表数字	倍乘数 (有效数字后面“0”的个数)	允许偏差
橙	3	10^3(3个“0”)	
黄	4	10^4(4个“0”)	
绿	5	10^5(5个“0”)	± 0.5%
蓝	6	10^6(6个“0”)	± 0.2%
紫	7	10^7(7个“0”)	± 0.1%
灰	8	10^8(8个“0”)	
白	9	10^9(9个“0”)	± 5～-20%
金	-1	10^{-1}	± 5%
银	-2	10^{-2}	± 10%

2) 色环识读方法

(1) 四色环电阻：一般是碳膜电阻，前三个色环表示阻值(前两个环代表有效数字，第三个环代表倍乘数)，第四个色环表示误差，如图 2-1-5 所示。

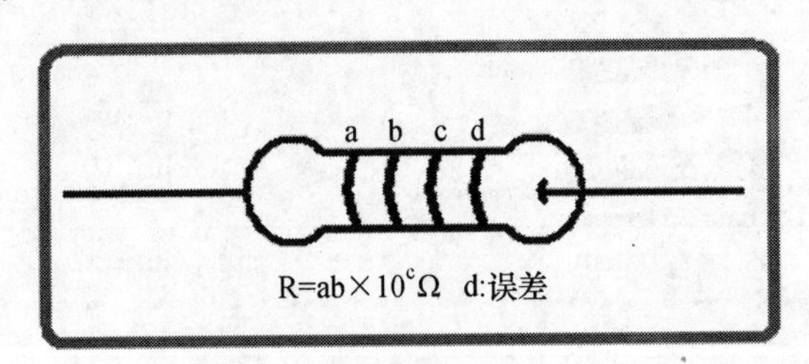

图 2-1-5 四色环电阻色环含义示意图

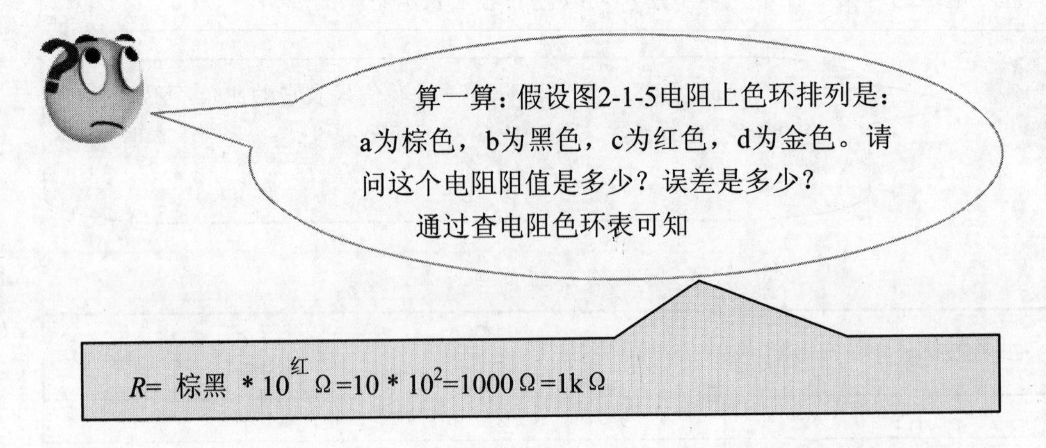

(2) 五色环电阻(精密电阻)：一般是金属膜电阻，前四个色环表示阻值(前三个环代表有效数字，第四个环代表倍乘数)，第五个色环表示误差，如图 2-1-6 所示。

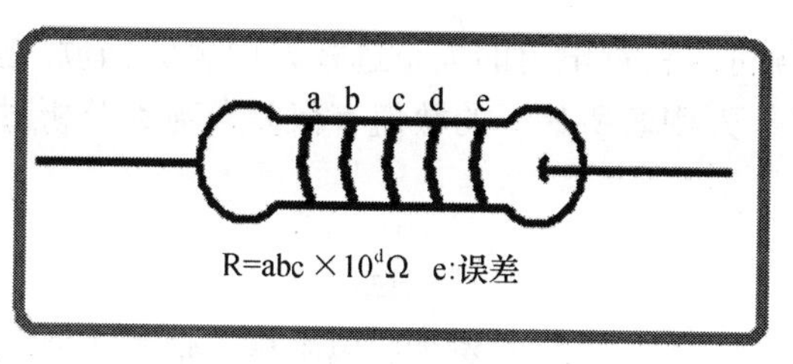

图 2-1-6 五色环电阻色环含义示意图

算一算：假设图2-1-6电阻上色环排列是：a为棕色，b为黑色，c为黑色，d为红色，e为金色。请问这个电阻阻值是多少？误差是多少？

通过查电阻色环表可知

R=棕黑黑 * $10^{红}$ Ω=100 *10^2=10k Ω

通过色环识读电阻阻值的大小，是非常重要的一项技能，每个同学都应熟练掌握这个方法，具体的做法就是：

(1) 熟练背诵色环颜色对应数字表。

(2) 用电阻实物做大量的练习。

3. 测量电阻

用数字万用表测量电阻的阻值是学习电子技术最基本的一项技能，这里主要学习用数字万用表测量单个电阻的阻值，以后还要学习测量电路中的电阻阻值及通过测量阻值判断电路通断的方法。

数字万用表测量电阻的步骤如下：

(1) 插表笔。

(2) 开电源。

(3) 色环法读出标称值。

(4) 选量程。

(5) 测量。

注意：第(4)步应该注意，选择合适的量程对测量结果的精确性有很大影响。

在测量电阻的时候可以根据电阻的大小选择万用表的挡位。当测量同一阻值的电阻，而万用表的挡位不同时，万用表所显示的数值有何差异呢？分析过程如图2-1-7～图2-1-9所示。

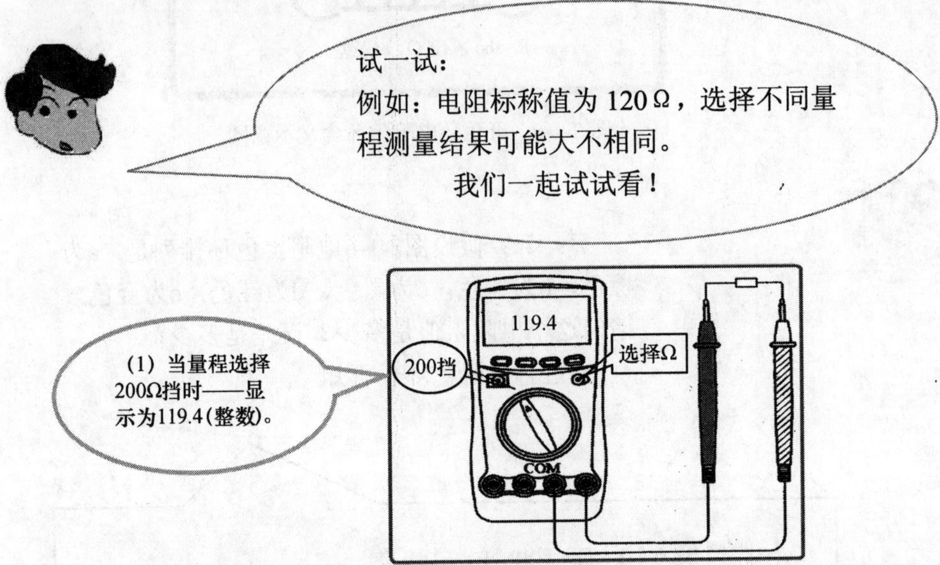

图2-1-7 量程为200Ω挡测量结果示意图

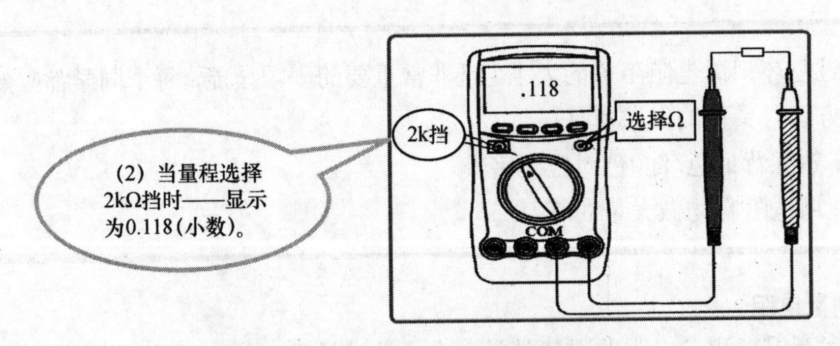

图2-1-8 量程为2kΩ挡测量结果示意图

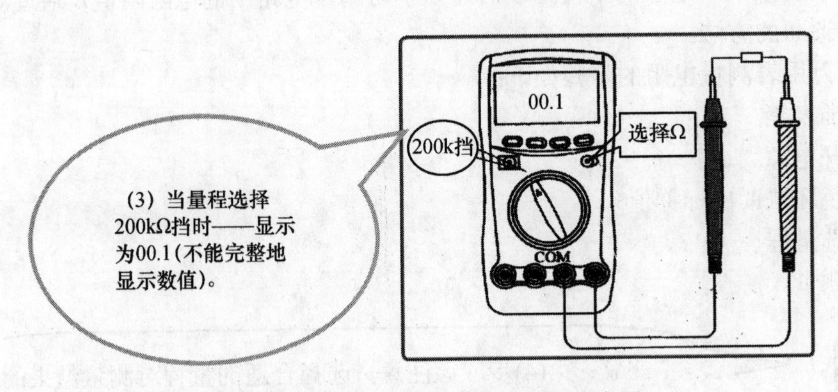

图2-1-9 量程为200kΩ挡测量结果示意图

标称值为 120Ω 的电阻，选择不同挡位测量的结果，由于精确度不同显示的数值就不同，测量值在量程范围内，且越接近测量值的，测量结果越准确。

测量电阻前要先通过色环读出标称值后，再选择量程进行测量。

在不知道电阻值大小的情况下，可从电阻最小量程挡位依次测量，直到找到合适的量程。

表 2-1-3 是对三个不同阻值的普通电阻用不同挡位测量的结果，这些结果表明，只有选择合适的挡位，才能得到精确性高的测量结果。

表 2-1-3 不同量程测量结果对比表

量程 / 实际值	200 挡	2k 挡	20k 挡	200k 挡	2M 挡	20M 挡	200M 挡
200Ω	197.7	.197	0.20	00.2	.000	0.00	01.0
10kΩ	1.	1.	9.75	09.7	0.010	0.01	01.0
470kΩ	1.	1.	1.	1.	.481	0.48	01.5

4．维修代换原则

(1) 普通电阻(至少 100Ω 以上)代换时，可比原值相差±10%，但最好原值替换。

(2) 精确电阻(100Ω 以下)或保险电阻代换时，必须原值代换。

(3) 功率电阻(标明最大功率或最大可允许通过的电流多大)必须原型号代换。

5．电阻的电路符号

1) 图形符号

电阻的种类很多，不同的国家和地区对这些电阻符号也有不同的定义。如图 2-1-20 和图 2-1-11 所示为常用电阻的符号以及电阻的国际符号。

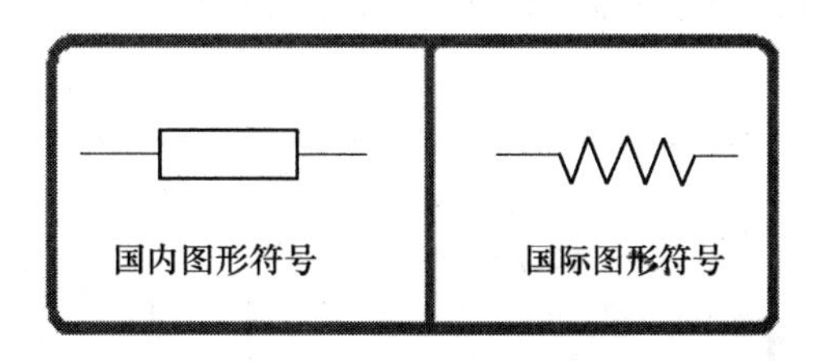

图 2-1-10 普通电阻器图形符号图

2) 字母符号

(1) 普通电阻：R。

(2) 压敏电阻：RPS。

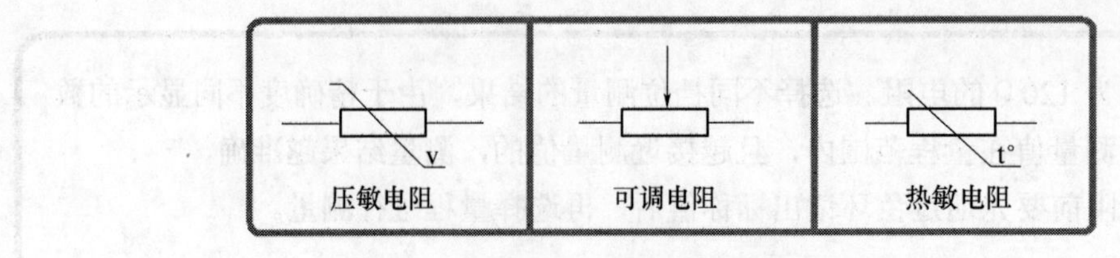

图 2-1-11　其他电阻器图形符号图

(3) 可调电阻：RP。

(4) 热敏电阻：RT。

6．电阻的单位及换算

(1) 单位：欧姆，用“Ω”表示。

(2) 换算：$1M\Omega=10^3k\Omega=10^6\Omega$。

7．电阻的分类

电阻器的种类繁多，分类方式也有很多，这里只是按照电阻器的结构特点来进行说明，如图 2-1-11 所示。

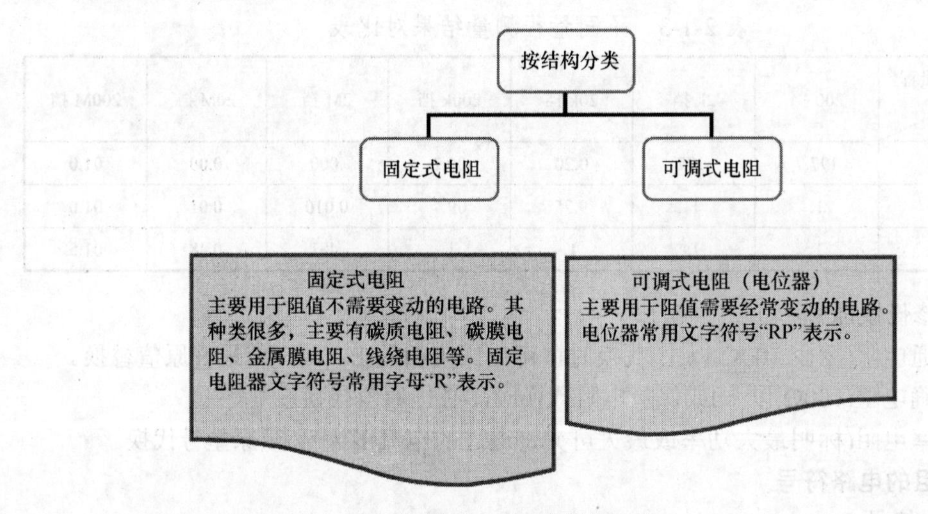

图 2-1-12　电阻的分类

8．电阻在电路中的作用

(1) 降压：用于电路中把高电压降为比较低的电压，一般几百欧到几百千欧，如图 2-1-13 所示。

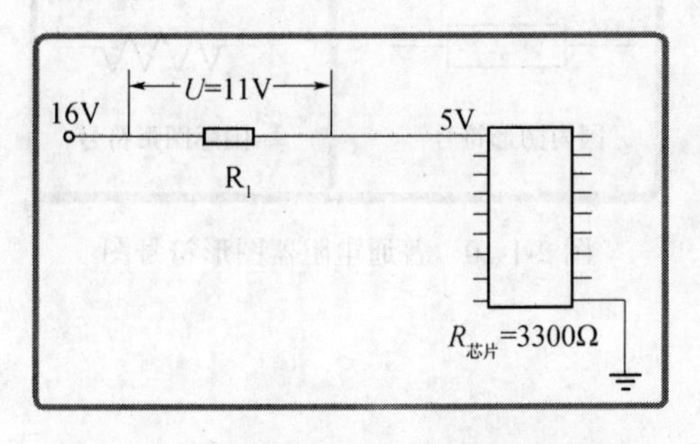

图 2-1-13　电阻起降压作用电路示意图

(2) 分压：构成串联电路，每个电阻分配一部分电压，如图 2-1-14 所示。

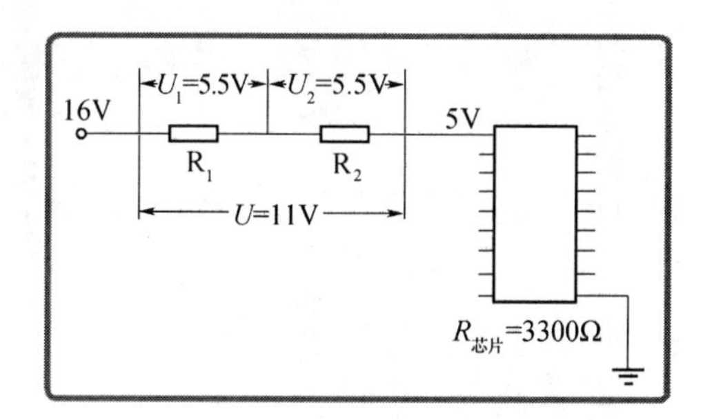

图 2-1-14 电阻起分压作用电路示意图

(3) 限流：用于防止电流过大烧坏芯片，即保险的作用，一般 0Ω 到几十欧，如图 2-1-15 所示。

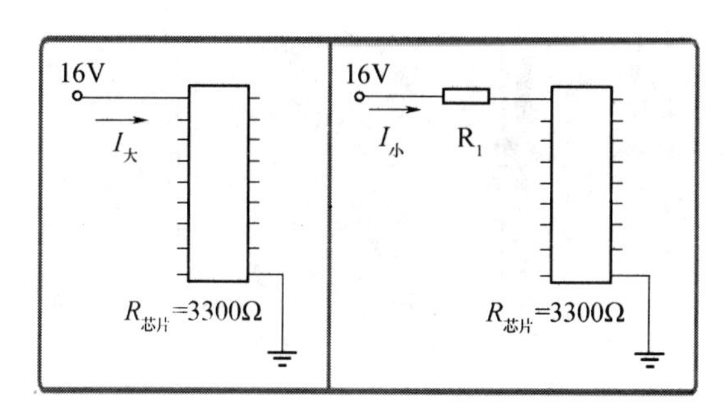

图 2-1-15 电阻起限流作用电路示意图

(4) 分流：构成并联电路，每条支路分配一部分电流，如图 2-1-16 所示。

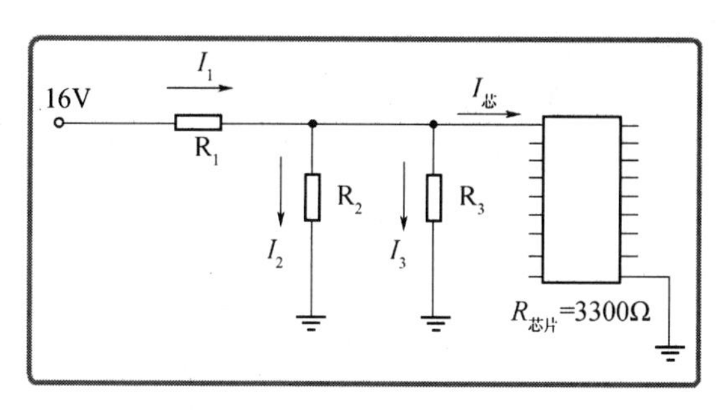

图 2-1-16 电阻起分流作用电路示意图

第三步：识读并检测晶体二极管

1. 认识高亮度发光二极管

高亮度发光二极管是发光二极管的一种，其实物如图 2-1-17 所示。

2. 认识其它类型二极管

二极管的种类很多，本任务介绍二极管有塑封二极管、玻璃封二极管以及发光二极管，如图 2-1-18 所示。

图 2-1-17　高亮度发光二极管实物图

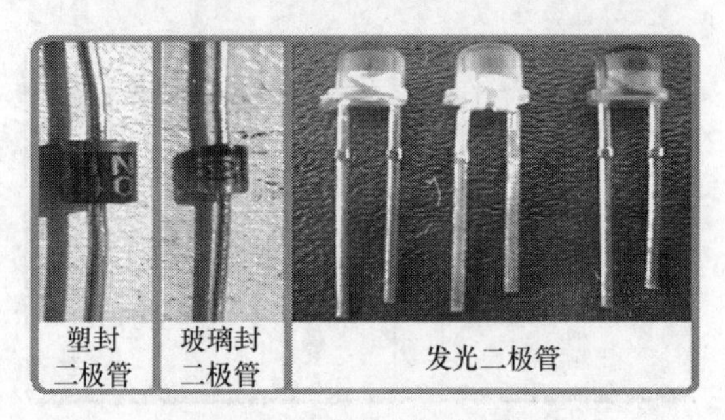

图 2-1-18　晶体二极管实物图

晶体二极管是电子技术中用到的一种非常重要的器件，是用晶体材料硅或锗制作而成的。

晶体二极管中的发光二极管，在日常的生产和生活中的应用更加广泛，如交通信号灯、流动的彩灯、明亮的广告牌等，都是通过发光二极管来发亮的。

二极管的种类很多，作用也不完全相同，但是它们有一个特别重要的特性是相同的，通过学习下面的内容就知道了。

3．电路符号

1) 字母符号

用字母“D”或“VD”表示二极管，稳压二极管用字母“ZD”表示，发光二极管用字母“LED”表示。

2) 图形符号

不同种类的二极管有在电路中有不同的图形符号，如图 2-1-19 所示。

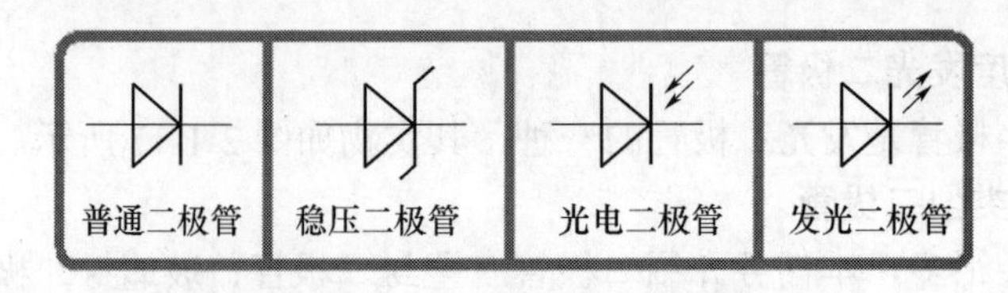

图 2-1-19　晶体二极管图形符号

4．二极管的分类

(1) 按制作材料分类，如图 2-1-20 所示。

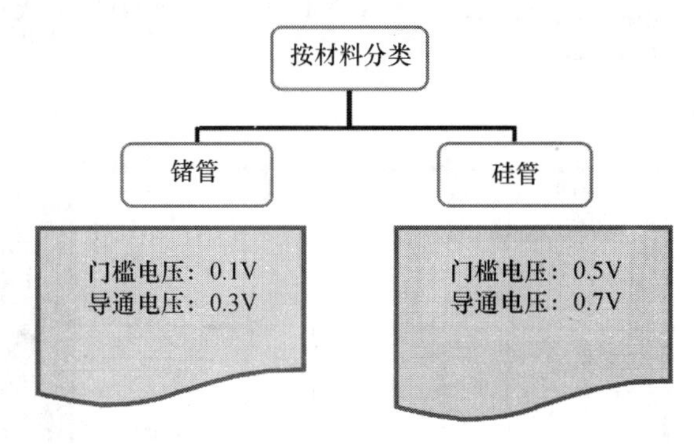

图 2-1-20　按材料不同对二极管分类

(2) 按制作工艺分类，可分为面接触二极管和点接触二极管。

(3) 按用途分类，可分为整流二极管、检波二极管、稳压二极管、发光二极管、开关二极管和快恢复二极管等。

5．二极管的内部结构

结构核心 PN 结：在 P 型区和 N 型区的结合部有一个特殊的薄层，称为 PN 结，如图 2-1-21 所示。

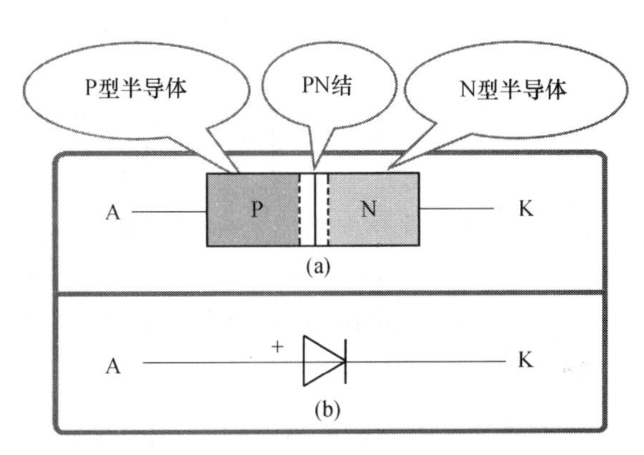

图 2-1-21　二极管内部结构及对应符号示意图

(a) 结构；(b) 符号。

6．二极管的两种工作状态

二极管有两种工作状态，一个是导通状态，另一个是截止状态，如图 2-1-22 所示。

7．二极管的重要特性

电路验证法——搭接电路模型，通电实验，如图 2-1-23 所示。

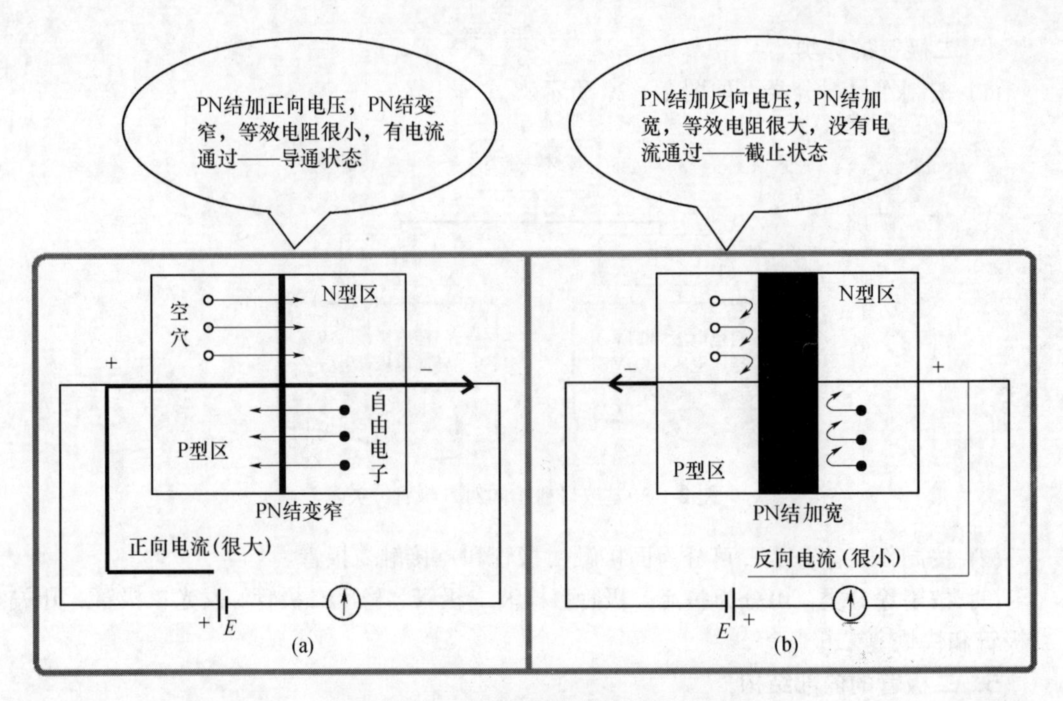

图 2-1-22　二极管导通与截止状态示意图

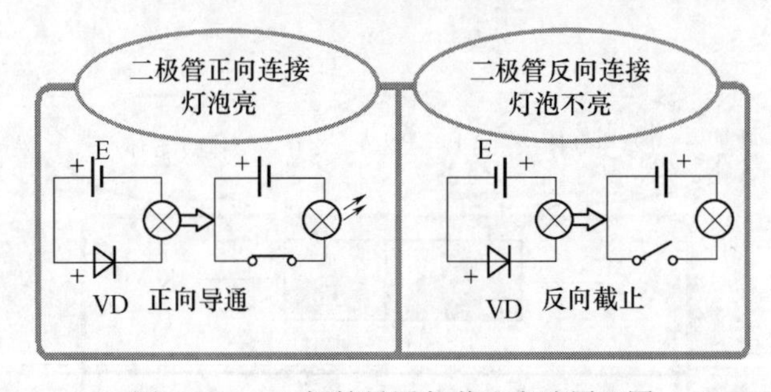

图 2-1-23　二极管导通与截止电路原理图

8．电路作用

(1) 整流：在电源电路中通过和电容相互组合把交流电转化为直流电，这个过程叫做整流，具有整流作用的二极管就称为整流二极管。

(2) 隔离：用于笔记本的电池和电源相互隔离电路，由于二极管有正向导通、反向截止的特性，用在各种电路中可起隔离的作用。

(3) 稳压：为后面电路提供稳定的供电电压。

(4) 开关：常用在开关、脉冲、高频等电路中，具有迅速转换的特点。

(5) 限幅：使高于规定幅度的电压被限制。

9．判别晶体二极管的正负极的方法

晶体二极管的结构决定了，二极管是有极性的器件，而且具有单向导电性。

下面我们就来学习判别二极管正负极的方法。

(1) 从电路符号判断。如图 2-1-24 所示，电路符号的左侧好像一个箭头，标明了二极管导通时的电流方向，所以箭头尾部是正极，代表电流的出发点。

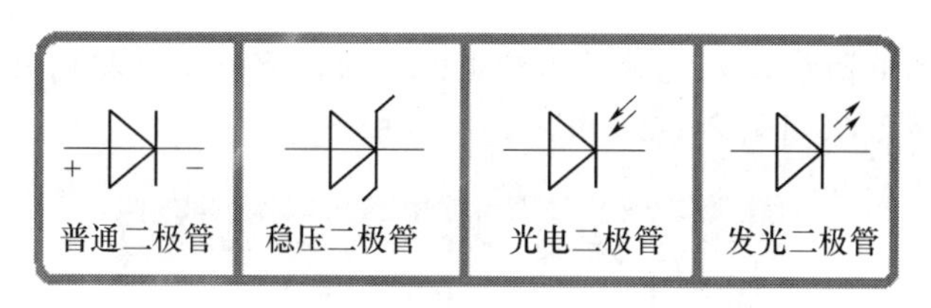

图 2-1-24　二极管电路符号示意图

(2) 从晶体二极管的外观判断。小功率二极管的 N 极(负极)，在二极管外表大多采用一种色圈标出来，有些二极管也用二极管专用符号来表示 P 极(正极)或 N 极(负极),也有采用符号标志“P”“N”确定二极管极性的。发光二极管的正负极可从引脚长短来识别，长脚为正，短脚为负，如图 2-1-25 所示。

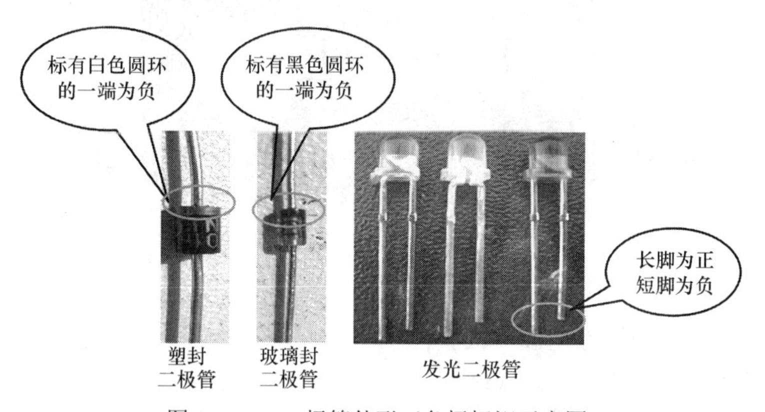

图 2-1-25　二极管外形正负极标识示意图

10. 测量高亮度发光二极管的方法

检测发光二极管的好坏，可以借助直流稳压电源来完成，具体方式如图 2-1-26 所示。

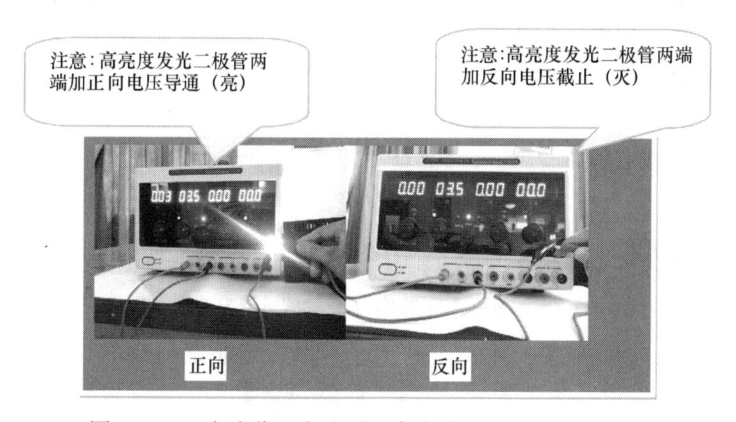

图 2-1-26　直流稳压电源测量高亮度发光二极管示意图

11. 用数字万用表测量二极管的方法

小贴士：先告诉大家一个秘密，即两种万用表有一个相反的情况：数字万用表里红表笔连接内部电池正极，黑表笔连接内部电池负极。

指针万用表的电阻挡红表笔连接内部电池负极，黑表笔连接内部电正极。

二极管的测量方法如图 2-1-27 和图 2-1-28 所示。

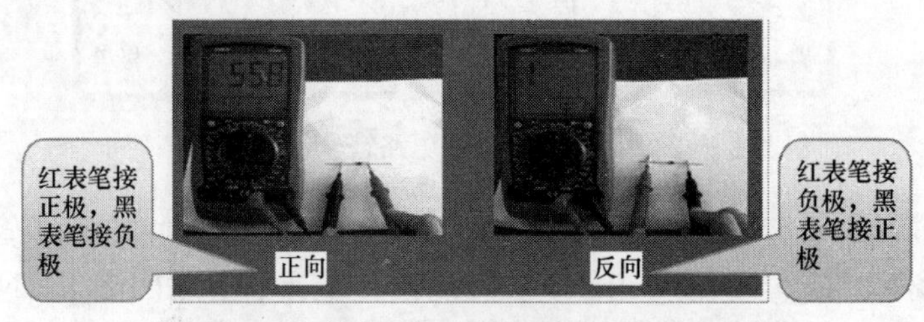

图 2-1-27　数字万用表测量普通二极管示意图

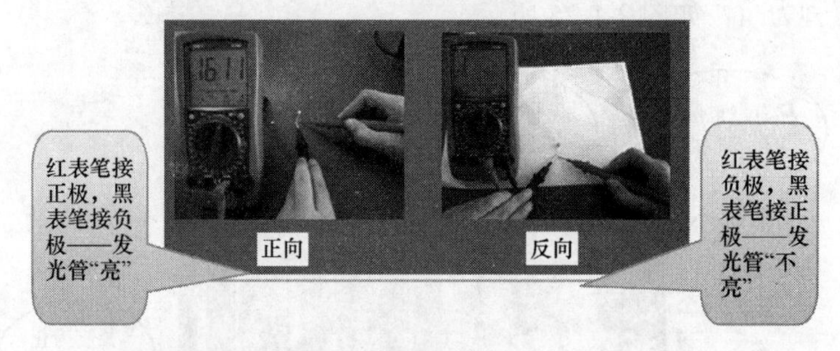

图 2-1-28　数字万用表测量发光二极管示意图

(1) 选挡。使用数字万用表二极管挡。

(2) 插表笔。将红表笔插入 VΩ 孔，黑表笔插入 COM 孔。

(3) 正向测量。红表笔接触二极管正极，黑表笔接触二极管负极，正常数值为 300～600Ω。

(4) 反向测量。红表笔接触二极管负极，黑表笔接触二极管正极，正常数值显示为“1”。

(5) 判断好坏。如果两次测量都显示 001 或 000，并且蜂鸣器响，说明二极管已经击穿；如果两次测量正反向电阻值均为“1”，说明二极管开路；如果两次测量数值相近，说明管子质量很差；如果正向电阻值为 300～600Ω，反向电阻值为“1”或 1000 以上，说明二极管是好的。

任务二　组装 LED 照明灯

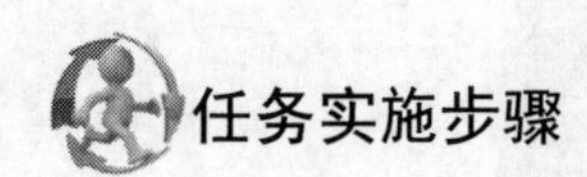

任务实施步骤

第一步：熟悉电子产品制造工艺

第二步：了解电子产品制造工艺流程

第三步：熟悉线路板安装图

第四步：装配 LED 照明灯灯盘

第五步：装配 LED 照明灯电源驱动板

第六步：装配 LED 照明灯各部分连线

第一步：熟悉电子产品制造工艺

电子产品制造工艺是指制造者利用生产设备和生产工具，对各种原材料、半成品进行加工或处理，按照一定的规范(或称程序、方法、技术)使之最后成为符合技术要求的产品。

制造工艺发源于个人的操作经验和手工技能，它是人类在生产劳动中不断积累起来并经过总结的操作经验和技术能力。

【电子产品制造工艺要求】

(1) 安装时先装低矮和耐热元件（如电阻、短路线），然后安装高或大一些的元件（如电解电容、三极管），最后装怕热的元件。

(2) 在安装过程中元件应尽量贴紧线路板，有极性要求的元器件应分清极性。

(3) 焊接时，焊点加热时间和锡量要适当，对耐热性差的元件要使用工具辅助散热，防止虚焊、错焊，避免因拖锡而造成短路。

(4) 若制作较复杂的一些电子产品时，涉及多管脚集成块的安装焊接，若一次焊接不成功，需要等到冷却后再进行焊接。

(5) 在元件焊接完成后，应用工具钳将管脚腿多余的部分剪掉，对所有焊点进行检查、修补。

第二步：了解电子产品制造工艺流程

在动手制作电子产品之前，必须先要学习如图 2-1-29 所示的电子产品制造工艺流程图。

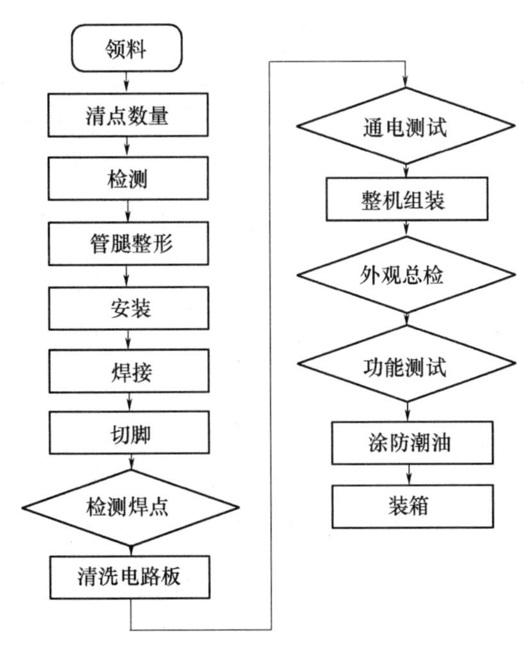

图 2-1-29　电子产品制造工艺流程图

第三步：熟悉线路板安装图

LED 照明灯的印制线路板分为两块，分别为灯板和电源驱动板。两块板正面为焊点，焊盘以外的引线部分涂有绿色阻焊剂；背面安装元器件，印有元器件的符号或元器件名称，印制线路板的设计便于安装与焊接，如图 2-1-30 所示。

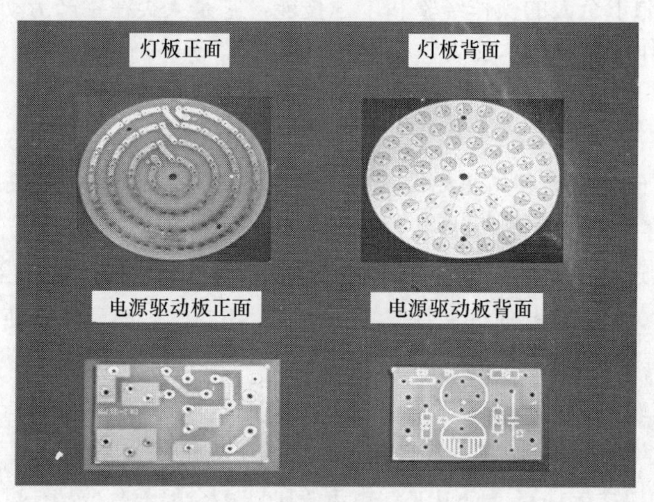

图 2-1-30　LED 照明灯线路板实物图

第四步：装配 LED 照明灯灯盘

图 2-1-31 为高亮度发光二极管与灯板实物图的对比，学习者可根据图中的提示信息来插接、焊接 LED 照明灯的灯板。

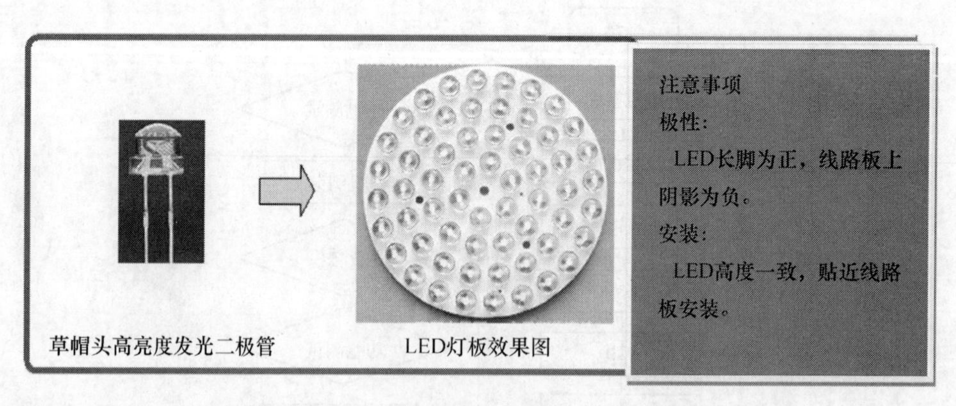

图 2-1-31　高亮度发光二极管与灯板实物图

第五步：装配 LED 照明灯电源驱动板

图 2-1-32 中介绍了电源驱动板的安装说明，读者可根据图中的提示进行电源驱动板的制作。

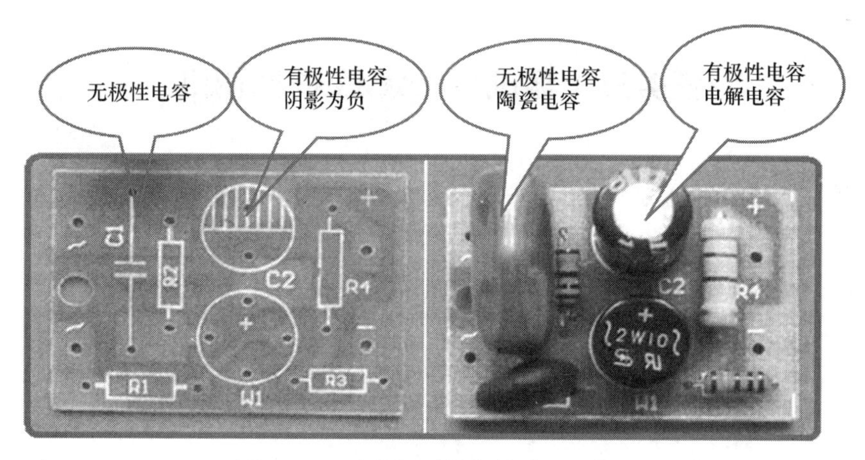

图 2-1-32　电源驱动板安装说明示意图

注意：安装顺序——电阻、电容、整流全桥。
安装要求——看清极性、尽量贴近线路板。

第六步：装配 LED 照明灯各部分连线

两块电路板安装完成后，将 LED 照明灯的灯口、电源板、塑料固定架、灯板组装在一起，完成整机组装，如图 2-1-33 所示。

组装方法与步骤

(1) 灯口导线连接电源驱动板(白接电容 C_1、蓝接电阻 R_1)。
(2) 电源驱动板上输出导线穿过塑料固定架连接灯板（白正、蓝负）。
(3) 将热胶块切成四块，用烙铁加热将电源驱动板四角固定在灯体内。

图 2-1-33　照明灯内部接线示意图

任务三　调试与检修 LED 照明灯

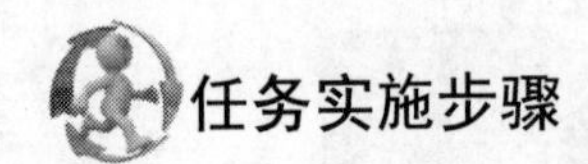

任务实施步骤

第一步：检查 LED 照明灯质量
第二步：学习 LED 照明灯电路分析

第一步：检查 LED 照明灯质量

1. 直观检查 LED 照明灯

(1) 遵循安装工艺标准检查 LED 照明灯元器件安装质量。

(2) 遵循焊接工艺标准，检查焊点质量。

(3) 检查线路板的清洁情况。

(4) 检查 LED 照明灯的各部件组装的质量。

(5) 检查 LED 照明灯外观干净整洁的情况。

以上检查内容可参照图 2-1-34 和图 2-1-35 所提出的检查标准进行检查。

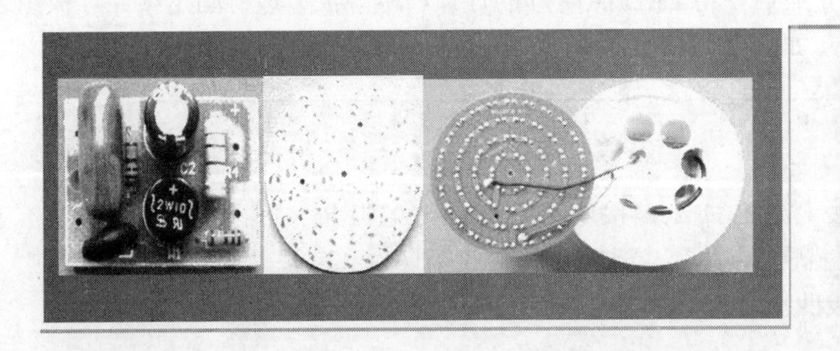

检查重点
元器件的位置、极性是否正确,高度是否一致,焊点有无漏焊、虚焊、短路

图 2-1-34　LED 照明灯电路安装示意图

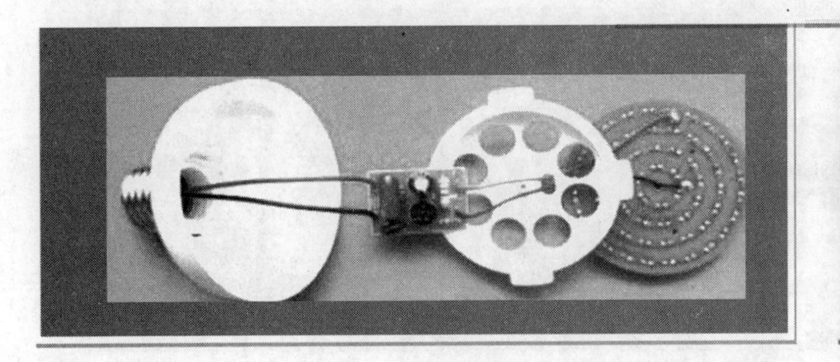

检查重点
灯口和灯板接线的极性是否正确,塑料支架的方向是否正确,外观是否清洁无烫伤

图 2-1-35　LED 照明灯连线示意图

2. 加电测试LED照明灯功能

(1) 将LED照明灯安装在一个螺口台灯上，检验是否能够点亮，如图2-1-36所示。

(2) 观察所有发光管是否正常发光。

图2-1-36　通电LED照明灯图

第二步：LED照明灯电路分析

这款LED照明灯使用220V电源供电，220V交流电经C_1降压电容降压、全桥整流、C_2滤波、R_3限流后给串联的60只LED提供恒流电源。

我们先学习一些串联直流电路的知识，为分析LED照明灯做准备。

1. 串联直流电路工作状态说明

直流电路有三种工作状态，分别是通路、开(断)路、短路，其所呈现的电路状态如图2-1-37所示。

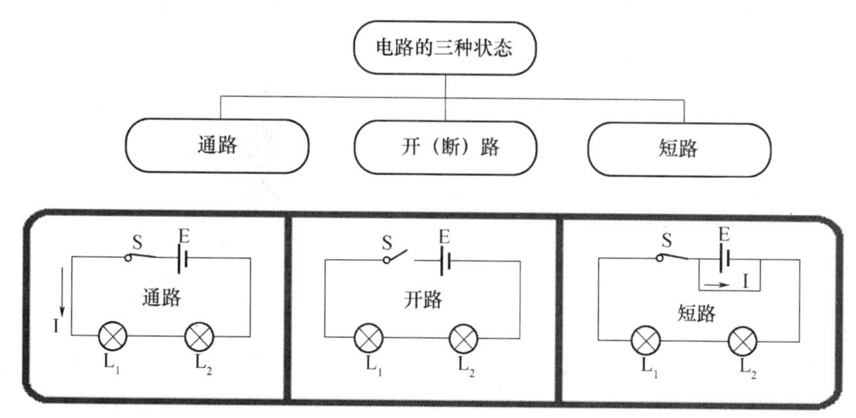

图2-1-37　串联直流电路三种工作状态示意图

(1) 通路：当开关闭合时，电路中有电流流过，这是电路的正常工作状态。

(2) 开路：当开关断开时，电路中没有电流流过，电路没有接通。若因导线断开或负载损坏，造成电路不能接通，这是电路故障。

(3) 短路：当电源两端直接被导线接通时，电路是短路状态，此时电流没经过负载直接从电源正极流到负极，电路中的电流非常大，会烧毁电路。

电路中可接入熔断器，短路瞬间，熔断器烧断，从而起到保护电路的作用。

2．串联直流电路电流的测量

(1) 电流的类型，如图 2-1-38 所示。

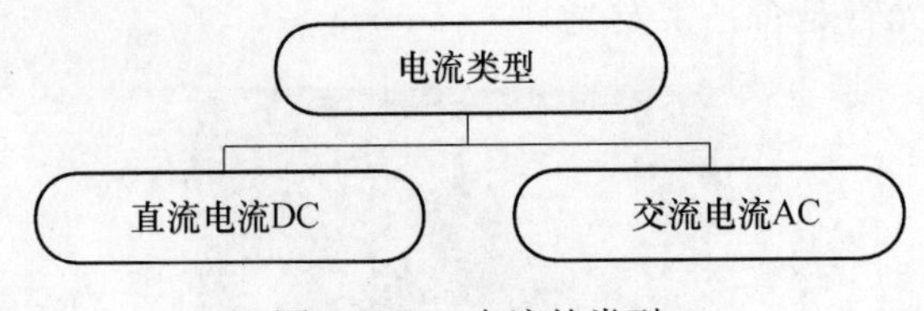

图 2-1-38　电流的类型

(2) 电流的测量方法，如图 2-1-39 所示。

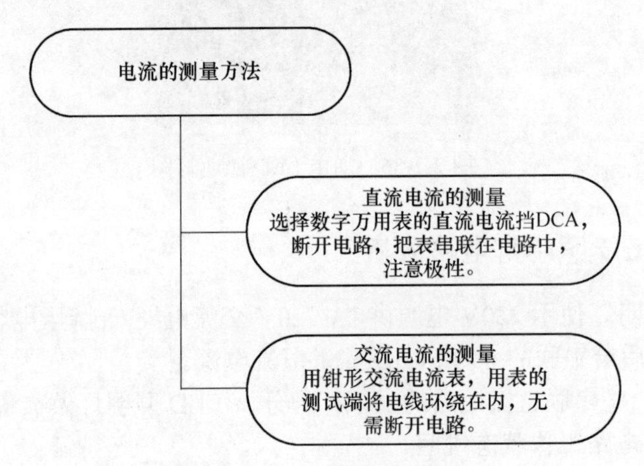

图 2-1-39　电流的测量方法

在使用万用表测量电路中的直流电流时，可参照图 2-1-40 所示的方式。

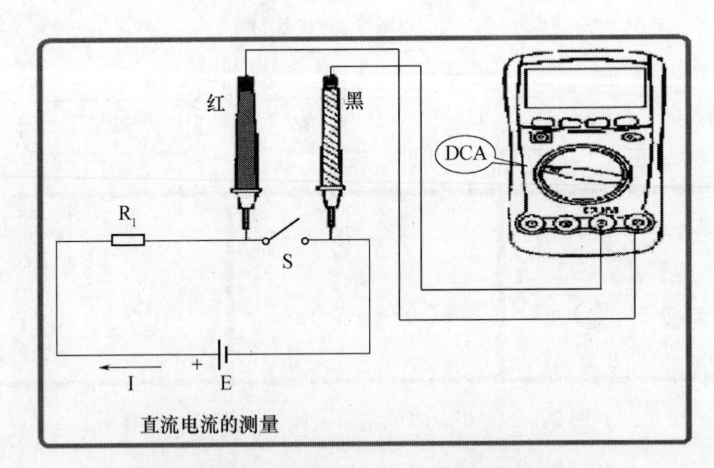

图 2-1-40　串联直流电路电流测量示意图

3．串联直流电路电压的测量

(1) 电压(电位)：在电源外部，电场力把正电荷从正极板经导线、负载移动到负极板所做的功。

(2) 电压的测量方法。

直流电压的测量方法

测量电压用数字万用表的 DCV 挡。

红表笔接正极、黑表笔接负极。

测量多电阻串联电路中各个电阻的电压时，要两个表笔同时移动。

电压的表示方法：Uab、Ubc、Ucd、Ude 等。

在使用万用表测量电路中的直流电压时，可参照图 2-1-41 所示的方式。

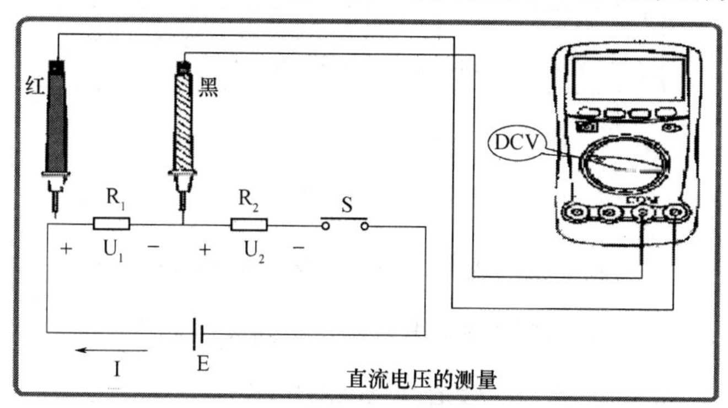

图 2-1-41　串联直流电路电阻两端电压测量示意图

4．简单电阻串联电路的特点

(1) 定义：把两个或两个以上的电阻依次连接，而且中间无分支的电路叫电阻串联电路，如图 2-1-42 所示。

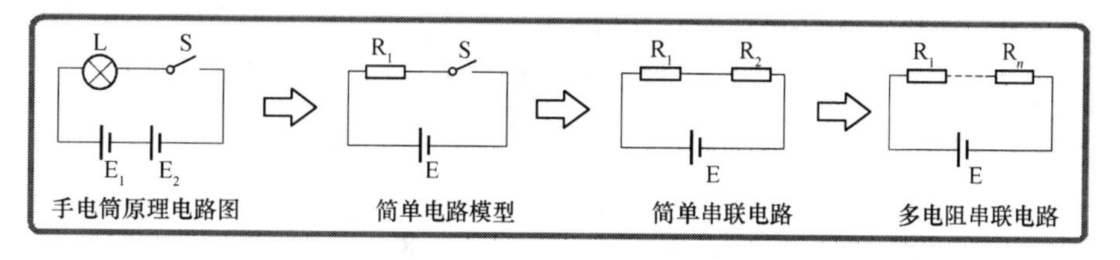

图 2-1-42　电阻串联电路原理图

(2) 串联电路的特点。

(1) 通过各串联电阻的电流相等，即

$$I_1= I_2 =I_3=\cdots=I_n$$

(2) 电路两端的总电压等于串联电阻上各电压之和。n 个电阻串联时，有

$$U=U_1+U_2+\cdots+U_n$$

(3) 电路的等效电阻(总电阻)等于各串联电阻之和。

用一个电阻代替几个电阻，在同一电压作用下的电流、功率保持不变，这个电阻称为这几个电阻的等效电阻。即用一个电阻代替实际的电阻，电路其余部分的电压和电流没有变化，如图 2-1-43 所示。

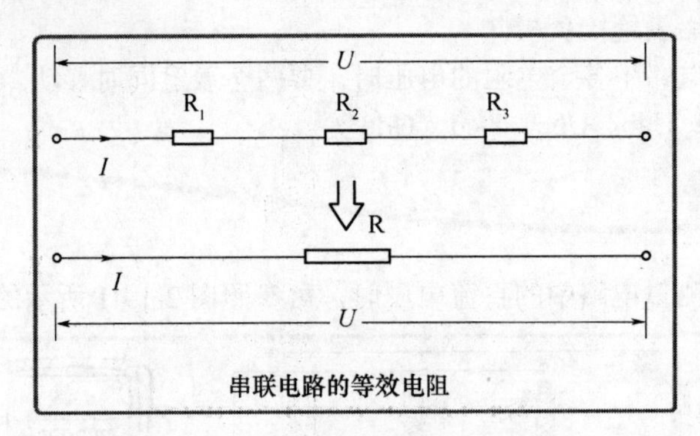

图 2-1-43　串联电路等效电阻示意图

n 个不同电阻串联时：$R_{总}=R_1+R_2+\cdots+R_n$

n 个相同电阻串联时：$R_{总}=nR_1$

结论：电阻越串越大

(3) 电压分配与各电阻成正比。

n 个电阻串联时，有

$$I=\frac{U}{R}=\frac{U_1}{R_1}=\frac{U_2}{R_2}=\frac{U_3}{R_3}$$

(4) 分压公式：

$$U_1=\frac{R_1}{R_1+R_2}\times U \quad U_2=\frac{R_2}{R_1+R_2}\times U$$

电阻越大，分得的电压越高

(5) 功率分配与各电阻成正比。

5．分析 LED 照明灯电路

图 2-1-44 显示的是 LED 照明灯电路原理图，认真、细致地分析电路原理图可以更好地了解电路的工作原理以及各个元器件在电路中的作用。

(1) 元器件名称及作用。

R1：NTC 热敏电阻，限流，起保护作用。

R2：泄放电阻，与 C1 结合进行阻容降压。

R3：负载电阻，分流。

R4：限流电阻，限制 LED 串灯上通过的电流大小。

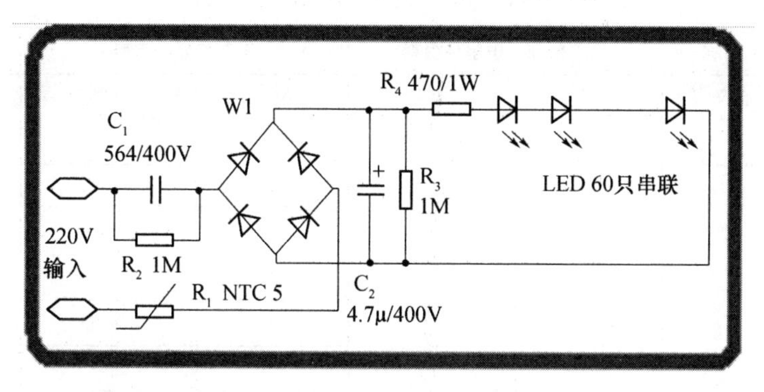

图 2-1-44 LED 照明灯电路原理图

C1：降压电容，其耐压为 400V，降压。

C2：滤波电容，改善整流后电压的波动。

W1：全桥，整流输出直流电。

(2) 电路工作过程。图 2-1-45 展示的是 LED 照明灯的工作流程图，学习者可以将其与图 2-1-44 进行对照学习，这样可以帮助学习者更牢固地学习本节知识。

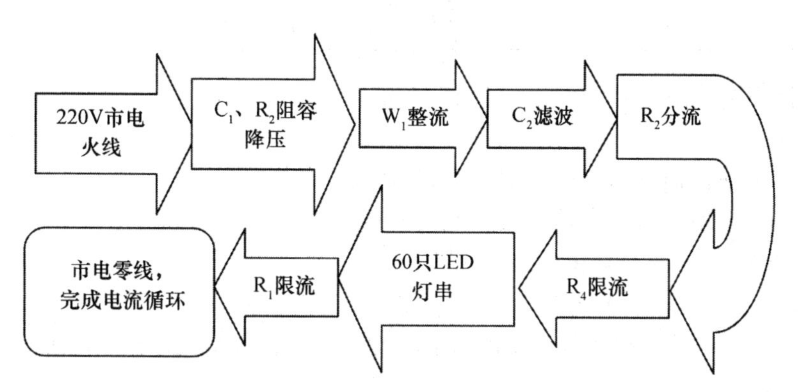

图 2-1-45 LED 照明灯工作流程图

知识拓展

第一部分：电阻

1. 电阻的命名方法

电阻器的型号、命名方法：电阻器和电位器的型号命名方法由四个部分组成，如表 2-1-4 所列。

(1) 第一部分：用字母表示产品名称。例如：R 表示电阻器，RP 表示电位器。

(2) 第二部分：用字母表示电阻体材料。

(3) 第三部分：用数字表示分类，个别类型用字母表示。

(4) 第四部分：序号，用数字表示。

表 2-1-4 电阻器的型号、命名方法

第一部分：产品名称		第二部分：电阻体材料		第三部分：类型		第四部分：序号
字母	含义	字母	含义	符号	产品类型	用数字表示
		T	碳膜	0	—	
R	电阻器	H	合成膜	1	普通型	常用个位数或无数字表示
				2	普通型	
		S	有机实芯	3	超高频	
				4	高阻	
		N	无机实芯	5	高阻	
		J	金属膜	6	—	
		Y	金属氧化膜	7	精密型	
		C	化学沉积膜	8	高压型	
				9	特殊型	
			玻璃釉膜	G	高功率	
				W	预调	
				T	可调	
		X	线绕	D	多圈	

2．其他类型电阻

1) 热敏电阻

(1) 表示方法：通常用“RT”或“TR”表示。

(2) 种类：负温度系数和正温度系数的热敏电阻。

负温度系数：t↑——→R↓。

正温度系数：t↑——→R↑。

(3) 作用：检测计算机主板上 CPU 的工作温度，其阻值一般大于 3kΩ(采用的是负温度系数的热敏电阻)。

2) 压敏电阻

当两端电压增大到一定值(标称电压)时，其阻值迅速变小。在常温下都有一定的阻值，可以通过万用表电阻挡测量出来(一般几十千欧以上)，压敏电阻对外加电压特别敏感。

如图 2-1-46 所示，假如变电站错把 220V 输电线接到了 380V，当输入 380V 电压时直接威胁到家电的安全。但如果线路中串联有保险丝且并联了压敏电阻，则可消除这种

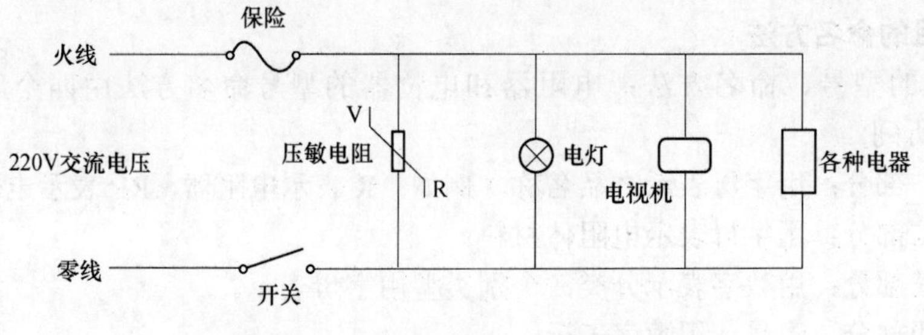

图 2-1-46 压敏电阻工作电路介绍

威胁。当输入电压超过 311V 时，压敏电阻的阻值就会变很低，电流将急速增大到一定值就烧断保险丝，切断电源，保护家电安全。

3) 保险电阻

保险电阻在电路中用“F”“FS”“PS”表示。保险电阻在电路中起着保险丝和电阻双重作用，主要应用在电源输出电路。当电路中负载发生短路故障，出现过流时，保险电阻的温度在短时间内就会升高，电阻层就会受热剥落而熔断，起到保险丝的作用，达到保护的目的。

第二部分：晶体二极管

首先明确几个定义；

(1) 半导体：指导电性能介于导体和绝缘体之间的物体。

(2) 载流子：在半导体中存在两种导电的带电物体(自由电子和空穴)，都能运载着电荷形成电流,通常称为载流子。

(3) 纯净半导体：又称本征半导体,其内部空穴的数量和自由电子的数量相同。

(4) P 型半导体：又称空穴半导体,其内部空穴数量多于自由电子数量。

(5) N 型半导体：又称电子型半导体，其内部自由电子是多数载流子，空穴是少数载流子。

(6) PN 结：在 P 型区和 N 型区的结合部有一个特殊的薄层，称为 PN 结。

1. 型号命名

第一部分：用阿拉伯数字表示器件的电极数目。

第二部分：用汉语拼音字母表示器件的材料和极性。

第三部分：用汉语拼音字母表示器件的类型。

第四部分：用阿拉伯数字表示序号。

第五部分：用汉语拼音字母表示规格号。

常用的几种二极管型号：

2AP9——2 指二极管；A 指 N 型、锗材料；P 指普通管；9 指序号。

2CZ5——2 指二极管；C 指 N 型、硅材料；Z 指整流管；5 指序号。

2. 主要参数

最大整流电流 I_{FM}：二极管允许通过的最大正向工作电流。

最高反向工作电压 V_{RM}：二极管允许承受的反向工作电压峰值,通常为反向击电压的 1/2 或 1/3。

反向漏电流 I_R：在规定的反向电压和环境温度下,测得的二极管反向电流值。这个电流越小,二极管的单向导电性能越好。

3. 其他类型二极管

1) 稳压二极管

(1) 电路符号：如图 2-1-47 所示。

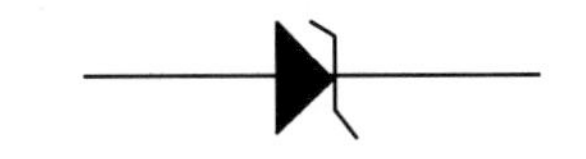

图 2-1-47　稳压二极管电路符号

(2) 伏安特性：反向击穿比普通硅管陡峭。

(3) 稳压作用：利用稳压管在反向击穿区，通过稳压管的电流变化很大，而其两端的电压变化很小，起到稳压作用。

(4) 主要参数：稳定电压 U_Z，即稳压管的反向击穿电压，是稳压管正常工作时其两端所具有的电压值。

2) 发光二极管

发光二极管一种将电能转换成光能的特种器件，当它通过一定电流时会发光。

(1) 电路符号：如图 2-1-48 所示。

(2) 主要参数：最大工作电流，指发光二极管在正常工作时允许通过的最大电流值。超过此电流值会使管子发热易烧坏或导致发光度下降。

3) 光敏二极管

光敏二极管是将光信号转变为电信号的器件。

(1) 电路符号：如图 2-1-49 所示。

图 2-1-48　发光二极管电路符号

图 2-1-49　光敏二极管管电路符号

(2) 工作原理：光敏二极管在反向电压下工作，不受光照时其反向电阻很大，通过它的电流很小。在光的照射下，PN 结的反向电流显著增加，这个电流称为光电流，它的大小与光照的强度及波长有关。

第三部分：电工基础考证指导知识问答

1-1　什么是电流？什么是电流强度？什么是电流的方向？

电荷有规则地移动就形成了电流。

电流强度是衡量电流大小的物理量，在数值上它等于单位时间内通过导体某横截面的电量，用字母 I 表示，基本单位是安培，简称安(A)。

习惯上规定正电荷移动的方向为电流的正方向。

1-2　什么是电路？它是由哪几部分组成的？各部分的作用是什么？

电路是电流流通的路径，它由电源、负载、导线和开关等组成。

电源是供电装置，负载是耗能装置，导线用来输送及分配电能，开关是控制电路通断的设备。

1-3　电路的状态有哪几种？它们各自的含义是什么？

电路的状态有通路(闭路)、短路(捷路)、断路(开路)等三种。

通路是指处处连通的电路。

短路是指电路中负载两端被导线短接。

断路是指开关或电路某处断开，电路中没有电流。

1-4　什么是电路图？

用国家统一规定的符号来表示电路连接情况的图称为电路图。

1-5　什么是电阻？什么是电阻率？什么是电阻定律？

电阻是导体对电流的阻碍作用。用字母 R 或 r 表示，其基本单位是欧姆，简称欧(Ω)。

电阻率是反映材料的导电特性的物理量。用字母 ρ 表示，基本单位是欧姆米(Ω·m)。

电阻定律是实验定律，在温度一定时，电阻与导体的长度成正比，与导体的横截面积成反比，还与导体的材料性质有关。计算公式为 $R=\rho L/S$。

1-6　什么是部分电路欧姆定律？

导体中的电流与它两端的电压成正比，与它的电阻成反比。这就是部分电路欧姆定律，公式即 $I=U/R$，如图 2-1-50 所示。

1-7　什么是全电路欧姆定律？

在整个闭合电路中，电流与电源的电动势成正比，与电路中的内电阻和外电阻之和成反比。这就是全电路欧姆定律，公式即 $I=E/(R+r)$，如图 2-1-51 所示。

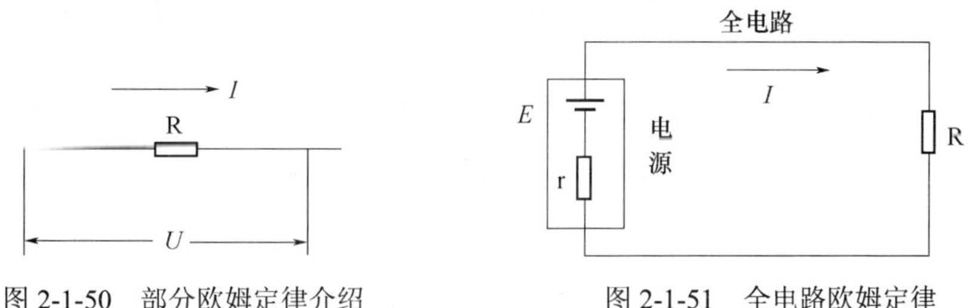

图 2-1-50　部分欧姆定律介绍　　　　图 2-1-51　全电路欧姆定律

1-8　什么是电阻串联电路？电阻串联电路有什么特点？

将两个或两个以上的电阻依次首尾相连接，而且中间无分支的电路叫电阻串联电路。电阻串联电路的特点是：

(1) 流过各串联电阻的电流相等，即 $I=I_1=I_2=\cdots=I_n$。

(2) 电路两端的总电压等于各电阻上的电压和，即 $U=U_1+U_2+\cdots+U_\text{n}$。

(3) 电路的总电阻等于各串联电阻之和，即 $R=R_1+R_2+\cdots R_n$。

如图 2-1-52 所示。

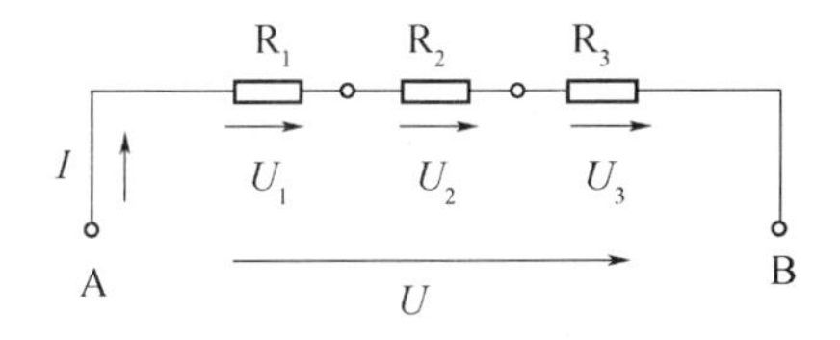

图 2-1-52　串联电路介绍

1-9　什么是分压公式？

两个电阻串联的电路的分压公式是正比分压，即

$$U_1=\frac{R_1}{R_1+R_2}U \qquad U_2=\frac{R_2}{R_1+R_2}U$$

项目二　制作心形 18LED 循环灯

项目描述

这个项目通过制作一个心形 18LED 循环灯，认识和了解常用元器件电容和三极管，学习电容和三极管的电路符号、结构特点、类型、检测及代换原则等相关知识，还要学习典型电子电路的识读和分析方法。

在心形 18LED 循环灯的制作过程中，进一步强化电子元器件的测量、安装和焊接技能，初步掌握电子产品的维修方法，为今后学习计算机维修打基础。

【项目目标】

(1) 掌握电容的电路符号、种类、单位换算、电路作用及维修代换原则。

(2) 了解晶体三极管的电路符号及开关特性。

(3) 理解“心形 18LED 循环灯”电路的工作流程及检修思路。

(4) 会按电路图搭接简单并联直流电路模型,并会用数字万用表测量简单并联直流电路的电压、电流、电阻。

(5) 能正确识别、检测电容。

(6) 能根据电路板图完成“心形 18LED 循环灯”的组装与调试。

(7) 掌握简单并联直流电路的特点。

任务一　清点与检测心形 18LED 循环灯元器件

任务实施步骤

第一步：清点识别心形 18LED 循环灯元器件
第二步：识读并检测电容
第三步：初步识别晶体三极管

第一步：清点识别心形 18LED 循环灯元器件

产品介绍

这是一款极具流动色彩的循环灯套件产品，适合在喜庆节日、庆祝活动、温馨纪念日等场合展示。PCB 上端预留有吊挂孔，可自行悬挂使用。

1．心形 18LED 循环灯外观

如图 2-2-1 所示是心形 18LED 循环灯的实物图，它由以下元器件组成。

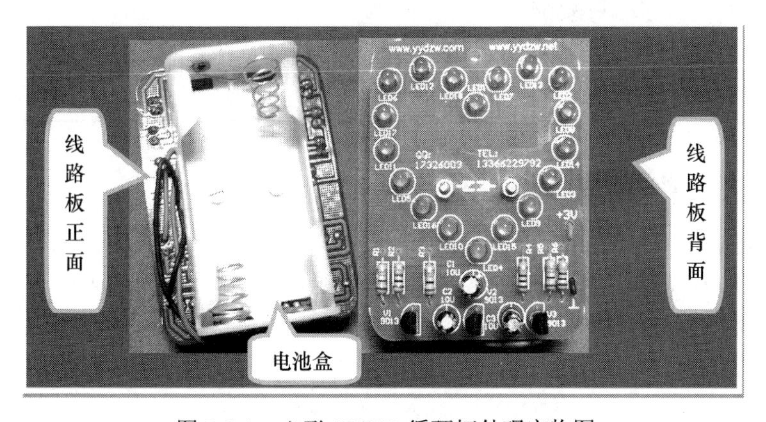

图 2-2-1　心形 18LED 循环灯外观实物图

(1) 线路板正面：元器件焊点，焊盘以外的引线部分涂有绿色阻焊剂。

(2) 线路板背面：背面安装元器件，印有元器件的符号或元器件名称。18 只红色 LED 分成 3 组，排列成一个心形的图案。6 只电阻、3 只三极管和 3 只电解电容安装在规定位置。

(3) 塑料电池盒：用 2 只螺丝固定在线路板上，需要 2 节 5 号电池供电。

2. 心形 18LED 循环灯套件

按照图 2-2-2 所示的分配方式，将套件中的元器件进行分类。

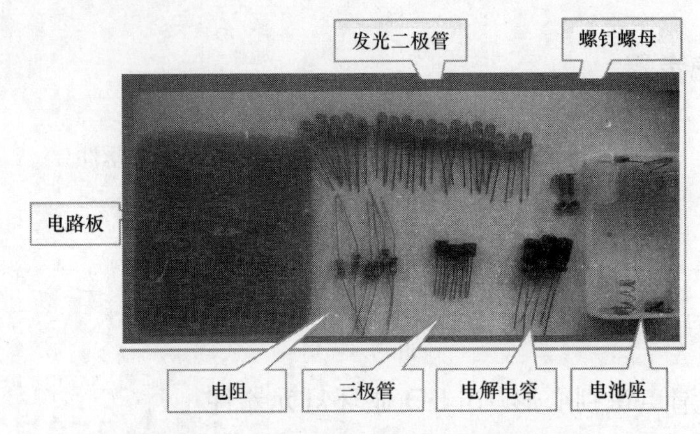

图 2-2-2 心形 18LED 循环灯元器件示意图

3. 心形 18 LED 循环灯套件清单

参照表 2-1-1 的内容，清单套件中的元器件种类及数目。

表 2-1-1 心形 18LED 循环灯套件元器件清单

序号	元件名称	数量	单位
1	电阻	6	只
2	电解电容	3	只
3	三极管	3	只
4	发光二极管	18	只
5	螺钉螺母	2	对
6	电路板	1	块
7	电池座	1	个

第二步：识读并检测电容

1. 识别电容

电容的种类有很多，图 2-2-3 和图 2-2-4 中介绍的是一些常用的电容实物图，读可以通过元器件外形进行辨认。

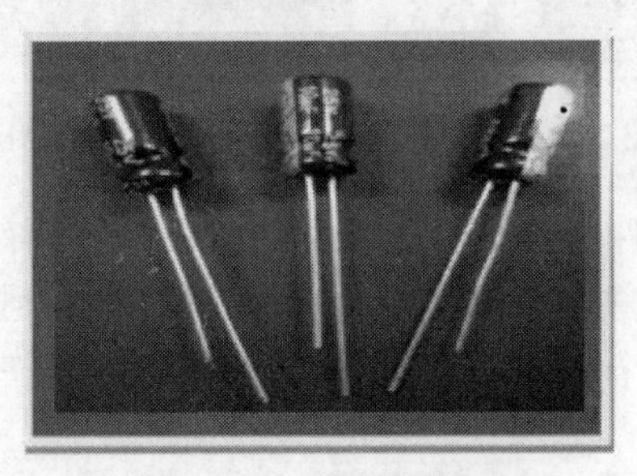

图 2-2-3 电容实物图

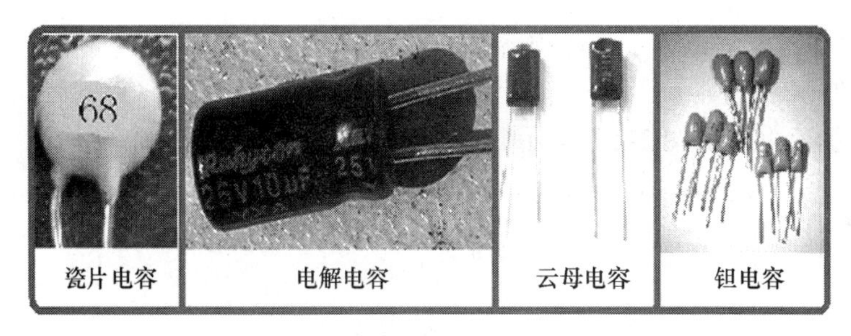

图 2-2-4　常用电容实物图

2．标称与识读方法

(1) 电解电容：一般采用直标法，单位为 μF。

观察图 2-2-5 所示的电容参数：表示数为“25V10μF”，则为 10μF，耐压 25V(能承受的最大电压值)。

(2) 瓷片电容：前两位为有效数字，第三位为“0”的个数，单位为 pF。观察图 2-2-6 中的三个瓷片电容的标识。

图 2-2-5　电解电容标称数值示意图

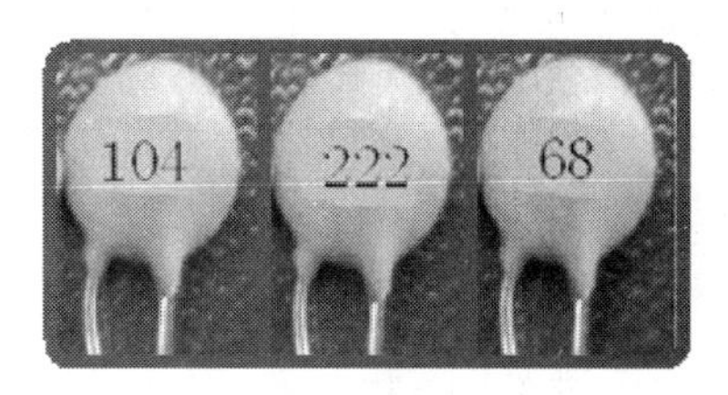

图 2-2-6　瓷片电容标称数值示意图

实例 1：表示数为“104”，则为 100000pF=0.1μF。

实例 2：表示数为“222”，则为 2200pF。

实例 3：表示数为“68”，　则为 68pF。

3．电路符号

(1) 图形符号：如图 2-2-7 所示。

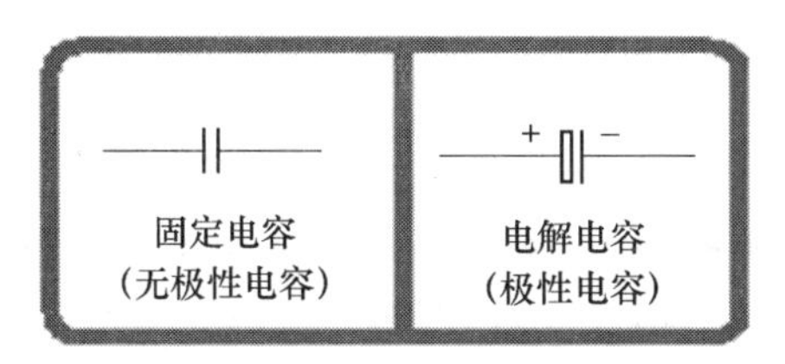

图 2-2-7　电容器图形符号示意图

(2) 文字符号：一般电容在电路中用字母“C”表示。

4．单位及换算

(1) 单位：法拉(F)。

(2) 换算：1F(法)＝10^3mF(毫法)＝10^6μF(微法)；1F(法)＝10^9nF(纳法)＝10^{12}pF(皮法)。

5．电容的种类

按原理可分为无极性可变电容、无极性固定电容、有极性电容等；按材料可分为电解电容、钽电容、瓷片电容、云母电容等。

6．电路作用

(1) 充电和放电：如图 2-2-8 所示。

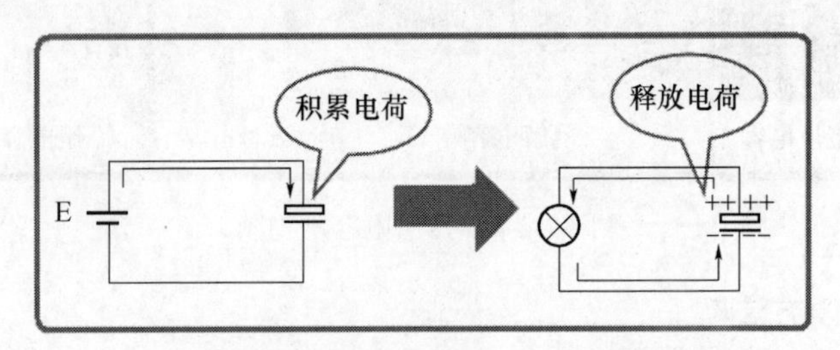

图 2-2-8　电容器充电和放电过程示意图

电容充电过程：电流运送电荷到电容的正极板，是电荷在正极板积累的过程。

电容在充电的瞬间相当于通路，其阻值随着内部电量的增多而增大。

电容放电过程：当电源被撤销后，电容可充当直流电源，为小灯泡提供电流并点亮小灯泡，是正极板释放电荷的过程。

电容在充满电后相当于断路，其阻值无穷大，可充当一个电源。

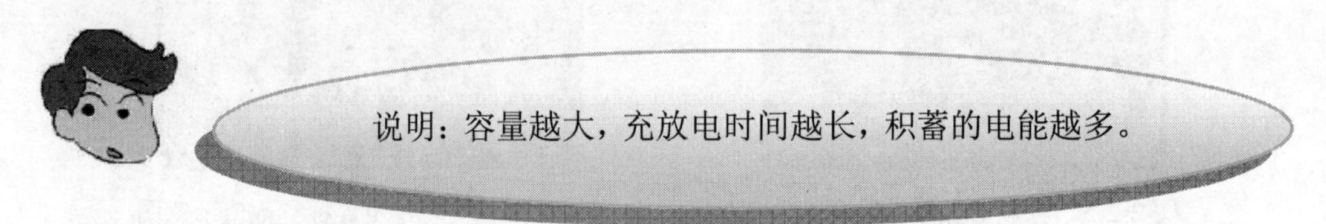

(2) 通过交流、阻隔直流(低频滤波)，简称通交隔直，如图 2-2-9 所示。

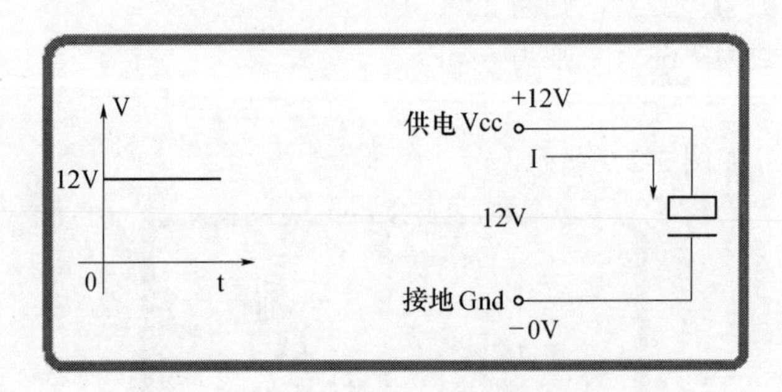

图 2-2-9　电容器隔断直流电电路示意图

隔断直流电的原因：因为电容的两个引脚没有直接连接，它们之间有一定的间隔，是断路的。

当直流电要通过电容时，因为电容相当于断路电流不能通过，电压只会对电容的两极进行充电，电荷在两极积累，积累的电荷量与电压大小成正比，积累满了再有所作用，即为隔断直流电。

电容接在直流电上，只在刚接通的一瞬间有很大的电流，以后就没有电流。

电容通交流的电路如图 2-2-10 所示。

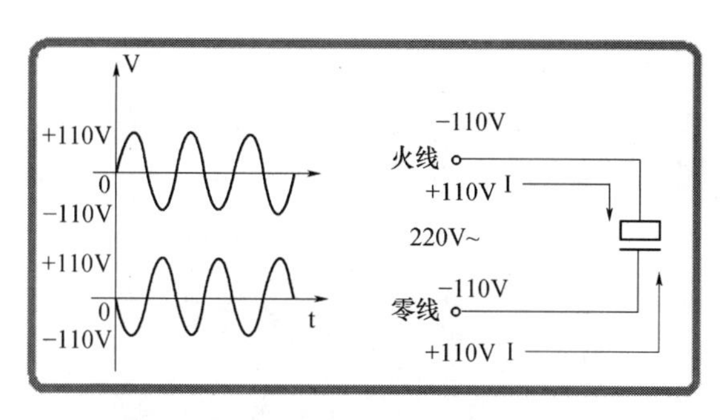

图 2-2-10 电容器通过交流电电路示意图

原因：电容两极积累的电荷随着交流电压的周期一直在不停的变化，电容的一极第一个周期积累正电荷，下一个周期积累负电荷，电容是在不停地充电、放电，我们的感觉就是电容能导通交流信号了。

电容接在交流电源上，电容连续的充电、放电，电路中就会流过与交流电变化规律一致的充电电流和放电电流，从而把电流方向不停变化的交流电中和抵消掉，相当于电流通过，即通过交流电。

7. 电容好坏的判断与测量

(1) 感观上判断电容的好坏，如铝电解电容表面上有明显挤压变形、漏液等现象，应直接更换。

(2) 测量判断电容的好坏：将功能开关置于电容挡，接上电容前，显示可以缓慢地自动校零，将待测电容插入电容输入插孔中(不用表笔)。测量电解电容应注意极性。

注意：(1) 测试单个电容时，把电容引脚插进数字万用表的测量电容的专用插孔。
(2) 测量大电容时，在最后指示之前将会存在一定的延时。
(3) 不要把外部电压或带电的电容接到测试端（插进测试孔之前，电容务必要两脚短接放电）。

8. 维修代换原则

1) 有极性容量大的电容代换时

(1) 极性不能接反。

(2) 耐压值要大于或等于原值，最好原值替换。

(3) 容量值要大于或等于原值，最好原值替换。

2) 无极性的瓷介电容、瓷片电容、云母电容替换时

(1) 耐压值要大于或等于原值，最好原值替换。

(2) 容量值要大于或等于原值，最好原值替换。

第三步：初步识别晶体三极管

1. 认识晶体三极管

半导体三极管也称为晶体三极管，简称三极管。

三极管顾名思义具有三个电极，也俗称三个管脚。

三极管的种类很多，外形差异也很大，可根据需要逐步了解，现在先认识一下心形18循环灯电路中的三极管，如图2-2-11所示。

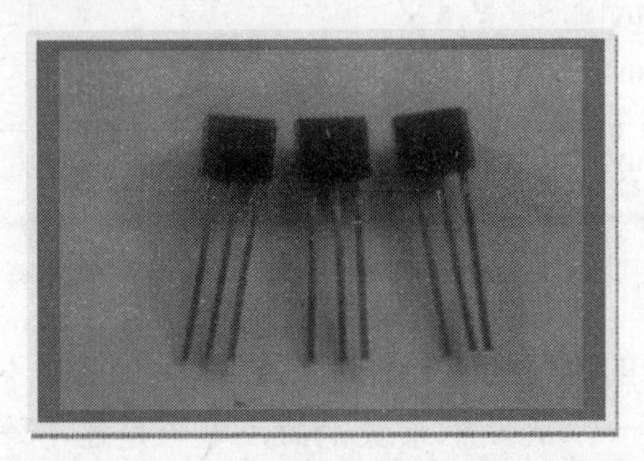

图2-2-11 心形18循环灯中三极管实物图

2．了解三极管的开关特性

三极管是电子电路中最重要的器件。它有很多特性，在电路的作用也很重要，最主要的功能是电流放大和开关作用。在心形18管LED循环灯中，应用的是三极管的开关特性。

下面介绍三极管的开关特性。

三极管的开关特性的应用：将三极管当做一个电子开关使用，通过电压控制三极管的通断。图2-2-12中，三极管工作在饱和状态下，开关闭合；图2-2-13中，三极管工作在截止状态下，开关断开。

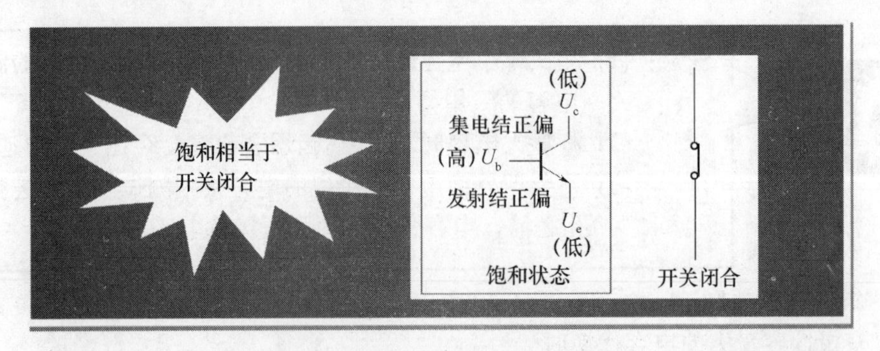

图2-2-12 三极管饱和状态示意图

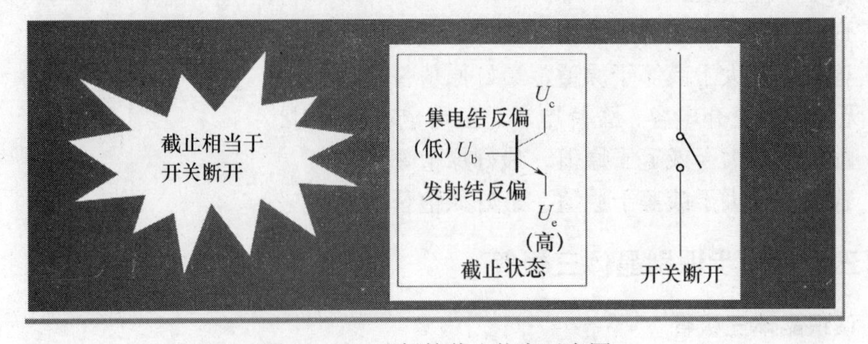

图2-2-13 三极管截止状态示意图

任务二　组装心形 18 管 LED 循环灯

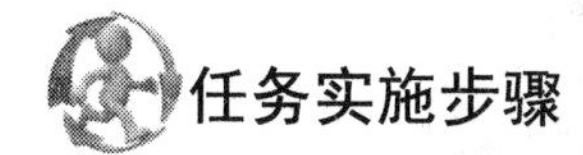

任务实施步骤

第一步：熟悉线路板安装图

第二步：心形 18 管 LED 循环灯的安装与焊接

第三步：装配心形 18 管 LED 循环灯

第一步：熟悉线路板安装图

印制线路板尺寸为 45mm×60mm。线路板正面涂有绿色阻焊剂，背面印有元器件的名称及符号，便于安装与焊接，如图 2-2-14 所示。

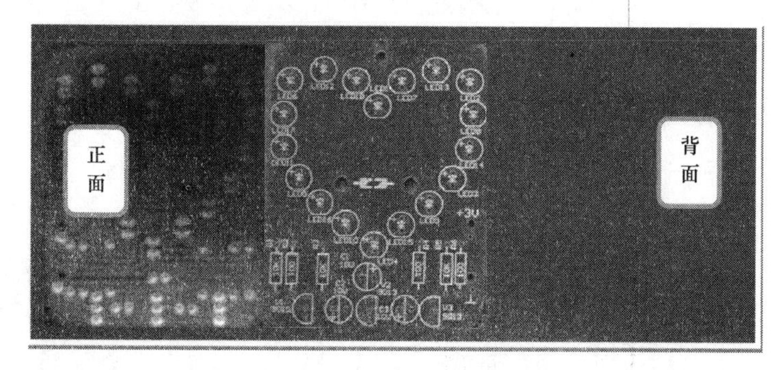

图 2-2-14　心形 18 管 LED 循环灯线路板实物图

第二步：心形 18 管 LED 循环灯的安装与焊接

1．元器件安装顺序

电阻、LED、三极管、电解电容可参照图 2-2-15 中的注意事项进行安装。

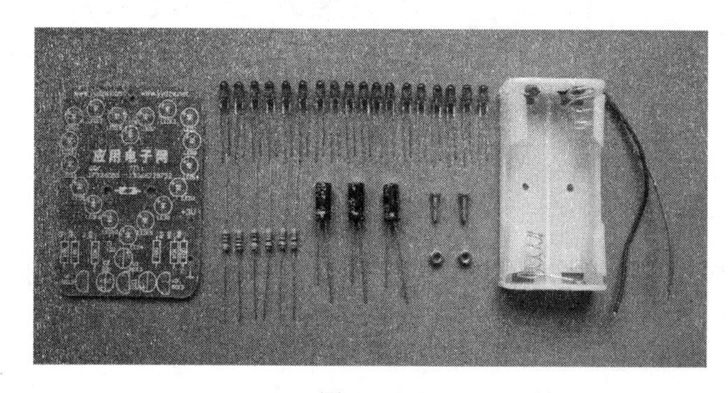

注意事项

1.安装顺序和安装方式

(1) 电阻，卧式安装。

(2) LED、三极管、电容，立式安装。

2. 注意极性

(1) LED 长脚为正，短脚为负。

(2) 电容外壳白条对应的是负极。

图 2-2-15　心形 18 管 LED 循环灯元器件实物图

2．焊接要求

焊点圆润饱满，锡量适中，无虚焊、假焊，无短路，如图 2-2-16 所示。

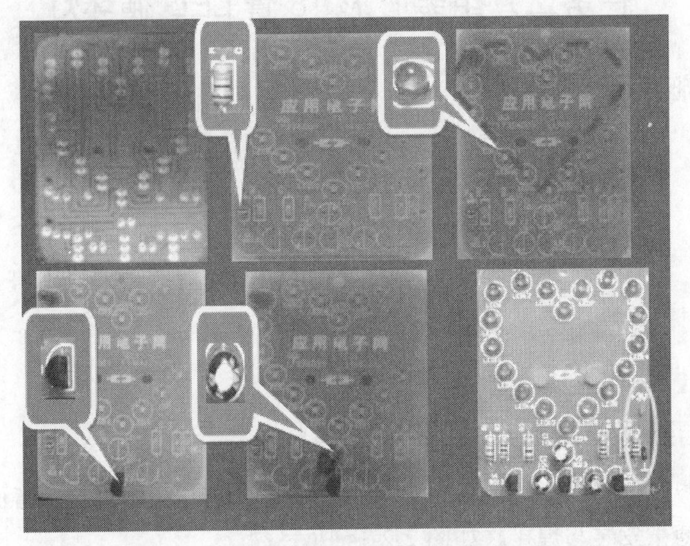

图 2-2-16　心形 18LED 循环灯焊接顺序示意图

第三步：装配心形 18 管 LED 循环灯

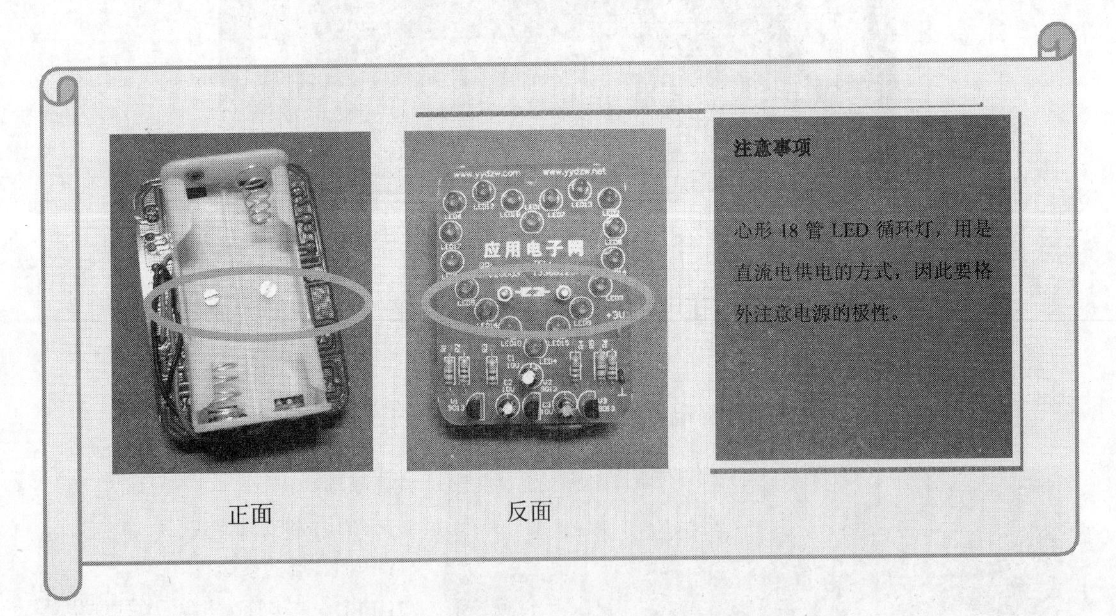

图 2-2-17　心形 18 管 LED 循环灯成品实物示意图

将焊接完成的 18 管 LED 循环灯进行最后的组装，组装的过程应注意图 2-2-17 中提到的注意要点。

任务三　调试与检修心形 18 管 LED 循环灯

任务实施步骤

第一步：检验心形 18 管 LED 循环灯质量
第二步：学习心形 18 管 LED 循环灯电路分析
第三步：试试改装心形 18 管 LED 循环灯

第一步：检验心形 18 管 LED 循环灯质量

1．直观检测

(1) 检查 18 管 LED 循环灯的元器件安装质量——遵循安装工艺标准。
(2) 检查焊点质量——遵循焊接工艺标准。
(3) 检查线路板的清洁情况。
(4) 检查 18 管 LED 循环灯的各部件组装的质量。
(5) 检查 18 管 LED 循环灯外观干净整洁的情况。

2．加电调试心形 18 管 LED 循环灯

这款心形 18 管 LED 循环灯是直流供电，可采用 2 节 5 号电池供电，在实训室中通常采用直流稳压电源为循环灯供电。

测试方法：
(1) 预先调节直流稳压电源，输出电压为 3V。
(2) 用鳄鱼夹子线，红色接电源正极输出端，黑色接电源负极输出端。
(3) 鳄鱼夹子线另一端接循环灯电池盒同一端，红色接焊片，黑色接弹簧。
以上检测方式可按如图 2-2-18 所示的方法进行。

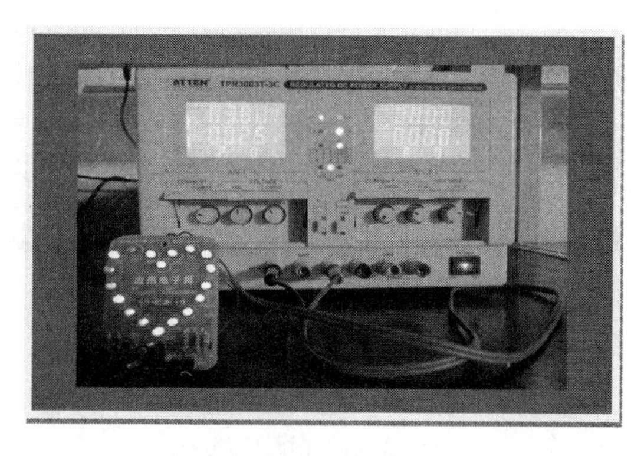

图 2-2-18　心形 18 管 LED 循环灯通电测试示意图

第二步：学习心形 18 管 LED 循环灯电路分析

这款心形 18 管 LED 循环灯的 18 只发光二极管分成三组，每 6 只为一组，在电路中以并联的方式连接。

下面先介绍一些并联直流电路的知识，为分析循环灯电路做准备。

1．电阻并联电路定义

将两个或两个以上电阻接在电路的两点之间，每个电阻承受同一电压的电路，叫电阻并联电路，其原理如图 2-2-19 所示。

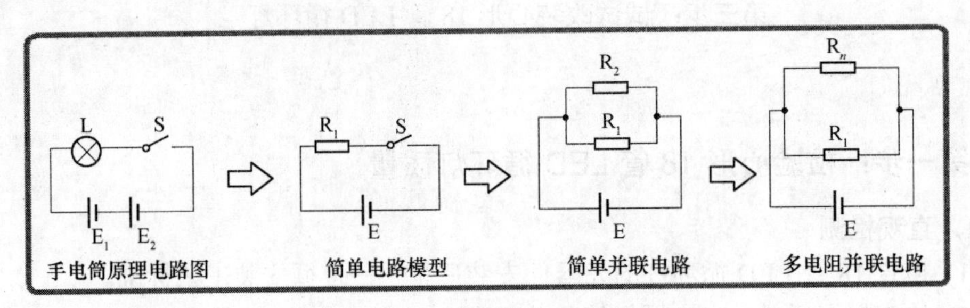

图 2-2-19　电阻并联电路原理图

2．并联电路特点

(1) 各并联电阻两端电压相等：$U_1=U_2=\cdots=U_n$。

(2) 电阻并联电路总电流等于各支路电流之和：$I=I_1+I_2+\cdots+I_n$。

(3) 并联电路的等效电阻(总电阻)的倒数等于各并联电阻倒数之和：$1/R=1/R_1+2/R_2+\cdots+1/R_n$。

根据并联电路的特点，理解一下图 2-2-20 所示的电阻等效方法。

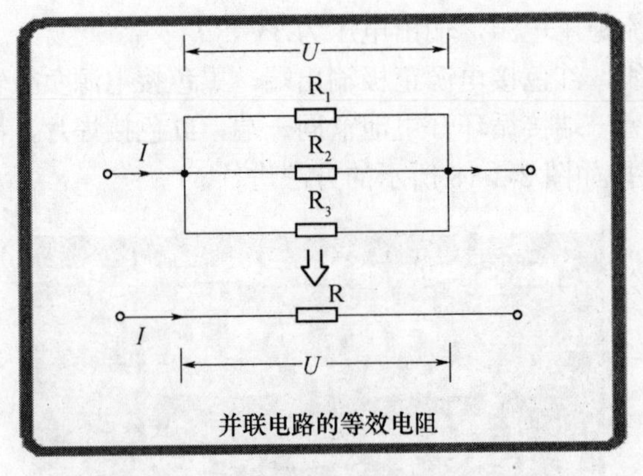

并联电路的等效电阻

图 2-2-20　电阻并联电路等效电阻示意图

n 个相同电阻并联时：$R_{总}=R/n$

结论:电阻越并越小

(4) 并联电阻各支路的电流分配与电阻成反比。

(5) 电阻并联电路的功率分配与各电阻成反比。

(6) 电阻并联电路的总功率，等于各电阻消耗功率之和。

3．心形 18 管 LED 循环灯原理

(1) 原理图，如图 2-2-21 所示。

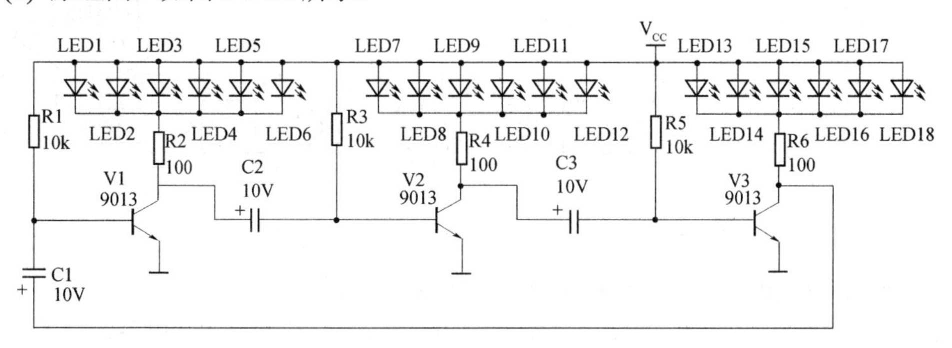

图 2-2-21　心形 18 管 LED 循环灯原理图

理解图 2-2-21 所示的电路原理图，试着指出各种元器件在电路中所起的作用。

(2) 元器件的名称与作用。

① V1、V2、V3：三极管是电路的核心元件。

作用：工作在饱和或截止状态，开关作用，决定三组 LED 灯依次循环点亮。

② R1、R3、R5：分别为 V1、V2、V3 的基极偏置电阻

作用：三极管提供合适的基极电压。

③ R2、R4、R6：分别为 V1、V2、V3 的集电极负载电阻

作用：将变化的电流转变为变化的电压输出。

④ C1、C2、C3：分别为 V1、V2、V3 的输入耦合电容

作用：隔直通交，连接前后级电路。

LED1—LED18：红色发光二极管

作用：分成三组，每组六只 LED，分组循环点亮。

(3) 电路工作过程：

开机瞬间：V1 导通(LED1-6 亮)——C2 瞬间电压为 0V——V2 截止(LED7-12 不亮)——C3 瞬间电压为 3V——V3 导通(LED13-18 亮)；

随着 C2 充电——V1 截止、V2 导通(LED7-12 亮)——C3 瞬间电压为 0V——V3 截止；

随着 C3 充电——V2 截止、V3 导通(LED13-18 亮)——C1 瞬间电压为 0V——V1 截止；随着 C1 充电——V1 导通如此循环往复。如图 2-2-22 所示。

第三步：试试改装心形 18 管 LED 循环灯

1．更换电容

试一试：

(1) 更换成 4.7 μF 的电容，观察循环灯循环速度的变化。

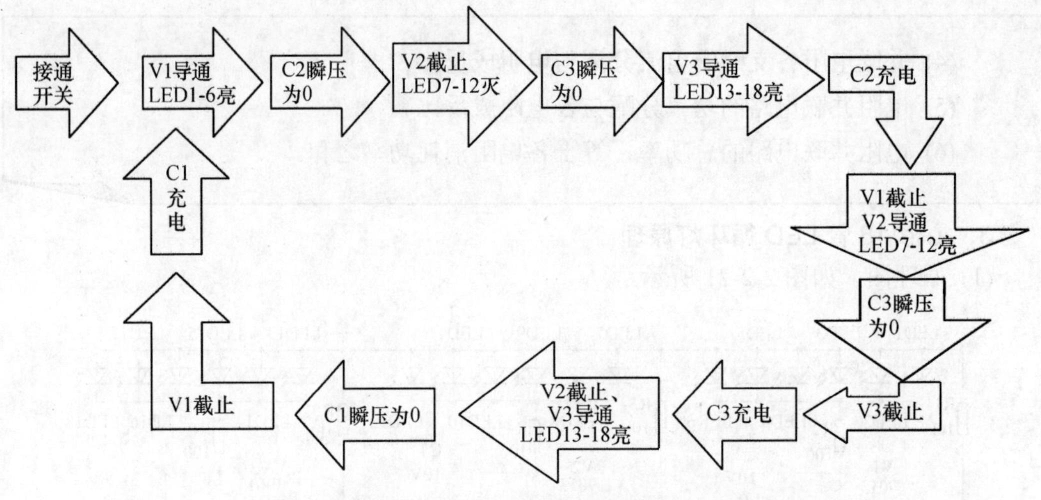

图 2-2-22　心形 18 管 LED 循环灯电路工作流程图

(2) 换成成 47 μF 的电容，观察循环灯循环速度的变化。

按照"试一试"中的内容，更换图 2-2-23 中电容的大小，观察更换完电容以后图 2-2-24 中发光二极管的显示效果如何。

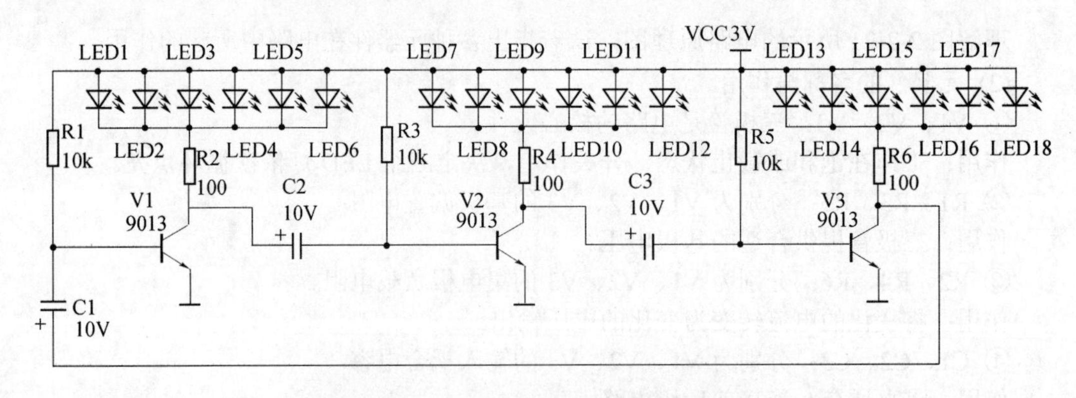

图 2-2-23　心形 18 管 LED 循环灯原理图

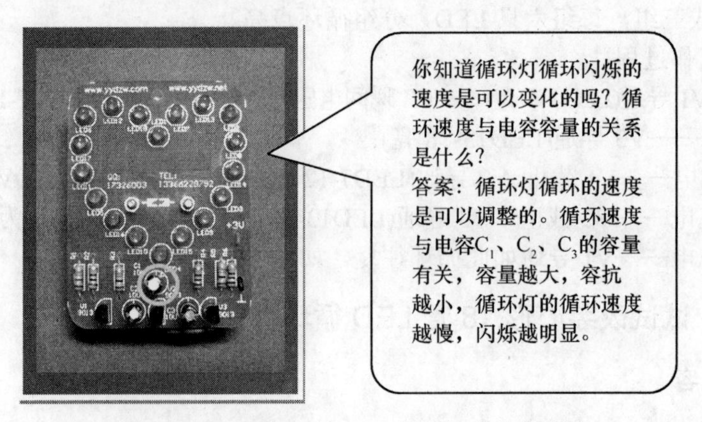

图 2-2-24　心形 18 管 LED 循环灯成品实物图

2．更换发光二极管

根据图 2-2-25 所提的要求，任意更换不同颜色的发光二极管，按照你的喜好排列不同颜色发光二极管的顺序，把你的作品变成多色循环灯，如图 2-2-26 所示。

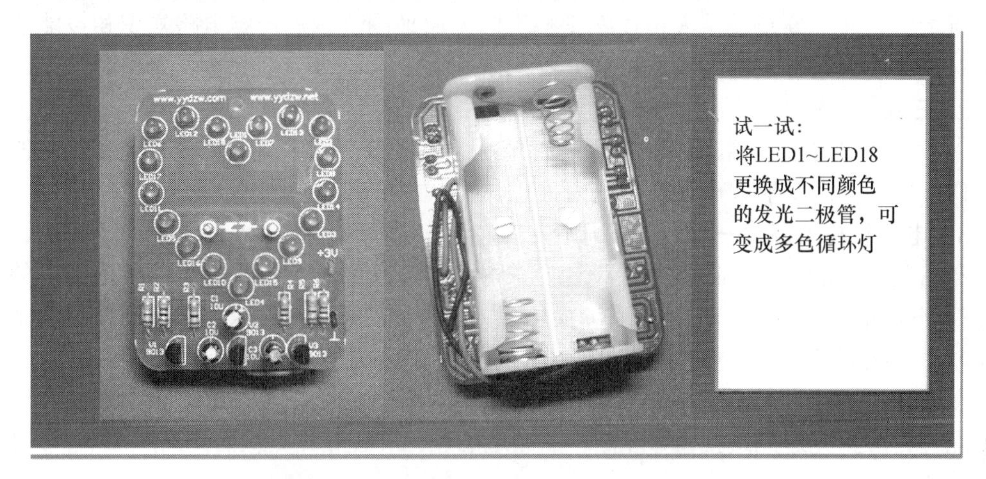

图 2-2-25　心形 18 管 LED 循环灯更换发光二极管图

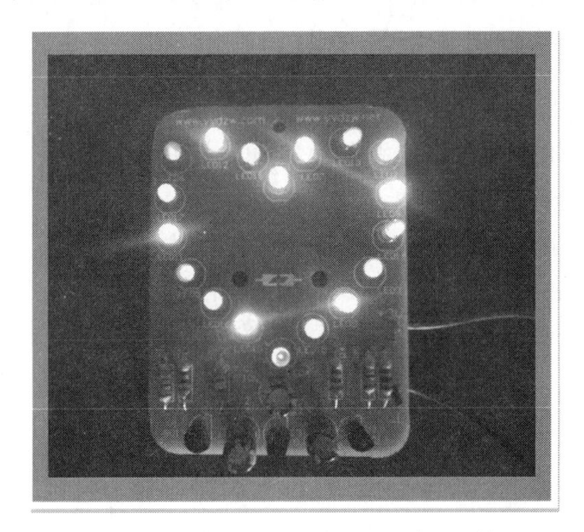

图 2-2-26　多色心形 18 管 LED 循环灯效果图

你的循环灯改装好了吗？

知识拓展

第一部分：现代电子整机产品制造的几项关键技术

1．电子整机调试技术

电子整机产品电性能技术指标中，一些技术指标是由设计保证的，还有一些技术指标，必须通过对电路参数调整才能达到。

在电子整机制造中，会因各种装配原因，如接地不良、漏焊、装错元器件等，导致电子整机电路性能达不到技术标准，甚至导致电子整机工作不稳定、不可靠，严重影响产品质量。因此，要求调试人员在熟悉整机电路原理图、掌握一定电路知识和技能的基础上对上述现象进行正确判断、综合分析、排除故障。

2．ESD 防护技术

由于 ESD 对静电非常敏感，在无防护情况下，ESD 易被人体带的静电、空气中的静电击伤、损毁，严重影响电子产品的可靠性。

3．电子整机产品的一致性、可靠性

产品制造部的工程师根据产品设计要求，制定合理的工艺流程，编制各道工序的工艺文件(作业指导书)或操作规范，培训操作工人，并要求每个上岗操作员工严格遵守工艺纪律，严格按有效技术文件、工艺文件进行检验，使制造全过程处于受控状态。

在设计制造流程时，工序细分及编排序列，不仅考虑平衡工序工作量，而且通过合理的配置与应用先进制造技术，降低产品制造的差异和差错率，从而提高产品的一致性、可靠性和经济性。

第二部分：电工基础考证指导知识问答

2-1　什么是电阻并联电路？电阻并联电路有什么特点？

将两个或两个以上的电阻接在电路两点之间，这种电路叫电阻并联电路。电阻并联电路的特点(图 2-2-27)是：

(1) 各并联电阻两端的电压相等：$U=U_1=U_2=\cdots=U_n$。

(2) 电路的总电流等于各支路的电流之和：$I=I_1+I_2+\cdots+I_n$。

(3) 电路的总电阻的倒数等于各并联电阻的倒数和：$1/R=1/R_1+1/R_2+\cdots+1/R_n$。

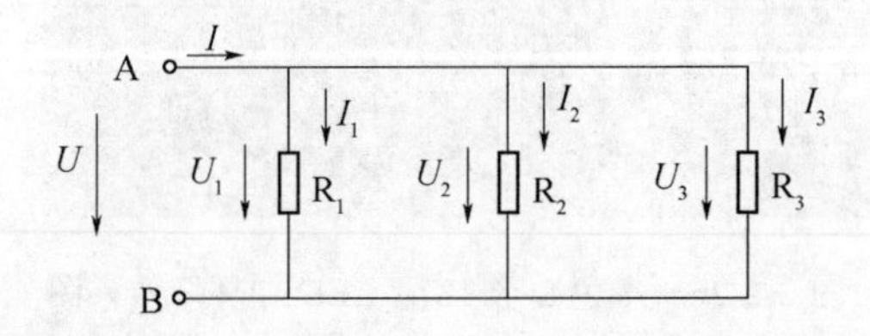

图 2-2-27　并联电路中电阻、电流、电压关系

2-2　什么是分流公式？

两个电阻并联的电路的分流公式是反比分流。公式为：

$$I_1=\frac{R_2}{R_1+R_2}I$$

$$I_2=\frac{R_1}{R_1+R_2}I$$

2-3　什么是电阻混联电路？什么是等效电阻？

既有电阻串联，又有电阻并联的电路称为电阻混联电路。电路的总电阻称为等效电阻。

2-4　什么是等电位压缩法？

等电位压缩法是解混联电路等效电阻的方法。其步骤如下：

(1) 标字母(用等电位一根导线连接的节点用同一字母标注)。

(2) 排字母(字母按电位由高到低顺序排列一行)。

(3) 填电阻(把所有电阻填写在对应的字母之间)。

(4) 计算(求待求端电阻按电阻串、并联的有关计算公式进行计算)。

例题：求图 2-2-28 所示电路 AB 间的等效电阻。

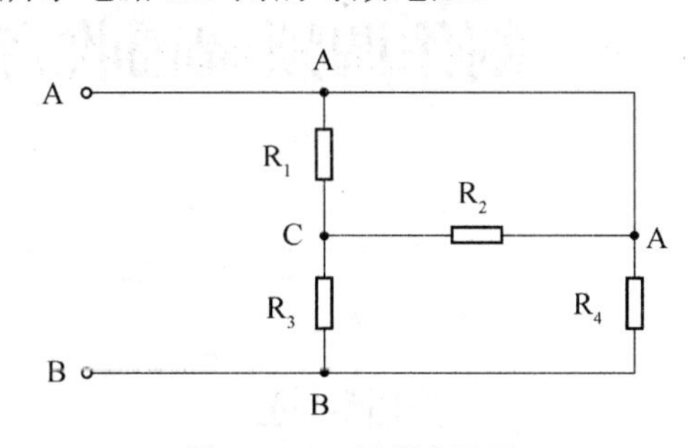

图 2-2-28　混联电路图

解：(1) 命名各点代号如图 2-2-28 所示。

(2) 在纸上分别标出 A…C…B 点(注意：等电位同一导线连接的各点只能标上同一代号)。

(3) 将 R_1～R_4 依次填入相应的连接点间：R_1、R_2 在 A、C 之间；R_3、R_4 在 B、C 之间。

(4) 计算总电阻：由图可看出 R_1 和 R_2 并联、R_3 和 R_4 并联再相互串联。

2-5　什么是电压？什么是电位？它们的区别是什么？

电压就是电位差，电场力移动单位正电荷所做的功。用字母 U 表示，其基本单位是伏特，简称伏(V)。

电位是电路中某点与参考点的电压。用字母 V 表示，其基本单位是伏特，简称伏(V)。

它们的区别是：定义不同；电压是绝对值，电位是相对值。

2-6　什么是电动势？它与电压的区别是什么？

电动势是非静电力将单位正电荷从电源负极移到正极所做的功。用字母 E 表示，其基本单位是伏特，简称伏(V)。

它们的区别是：定义不同；方向不同，电动势的方向由电源负极指向电源正极，而电压的方向由高电位指向低电位；位置不同，电动势在电源内部，而电压既在电源内部又在电源外部。

学习单元三　搭建晶体管应用电路

项目一　制作调频调幅收音机

项目描述

在这个学习项目中，你会进一步熟悉小型电子产品的装配过程和常用电子元器件，重点学习晶体三极管、电感器和变压器，学会识读这三种元器件的实物和电路符号，了解它们的种类、结构特点、电路作用、检测及代换原则，通过分析“调频调幅收音机”电路特点，了解各部分电路功能。在“调频调幅收音机”原理电路上练习描画直流供电通路和交流信号流程，从而掌握模拟电路分析方法，加强对电路知识的认知。

完成一台“调频调幅收音机”的制作、调试及维修，提高专业能力。

【项目目标】

(1) 掌握三极管、电感和变压器的电路符号、种类、电路作用及维修代换原则。
(2) 学会识读和测量晶体三极管、电感和变压器。
(3) 熟悉调频调幅收音机的电路组成及各部分电路作用，掌握低放电路及功放电路的工作特性。
(4) 会描画调频调幅收音机电路方框图及信号流程，掌握调频调幅收音机调试检修思路。
(5) 能按照装配流程完成调频调幅收音机的组装及调试。
(6) 能正确判断调频调幅收音机故障点并完成检修。

任务一　清点与检测调频调幅收音机元器件

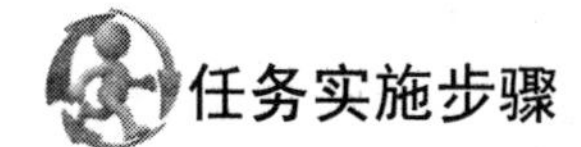

第一步：清点调频调幅收音机元器件
第二步：识读并检测三极管
第三步：识读并检测电感器
第四步：识读并检测变压器

第一步：清点调频调幅收音机元器件

产品简介

本项目采用的是 2 节 5 号电池供电的调频调幅收音机套件，本机具有安装调试方便、工作稳定、声音洪亮、节电等优点。本套件的电路在设计上选用了频率稳定的晶体元件，采用 CD2003 集成电路，设有调频和调幅两个波段，信号接收、放大、混频、鉴频/检波均由 CD2003 集成电路完成，音频功放部分采用两级由三极管组成的前置和推挽放大电路，使用音频输入和输出变压器耦合，直径 58mm/8Ω/0.8W 扬声器。

1．认识调频调幅收音机外观

调谐指示牌说明(图 3-1-1)：

(1) 品牌和型号：博士 208HAF。

(2) 音量旋钮位置指示。

(3) 调谐旋钮位置指示。

(4) 波段选择按钮指示。

(5) 调频波段 FM：88、94、98、104、108MHz。

(6) 调幅波段 AM：535、700、900、1200、1605kHz。

(7) 调谐指针透视窗。

2．套件实物组成

按照图 3-1-2 所展示的内容清点收音机套件中的各种物品。

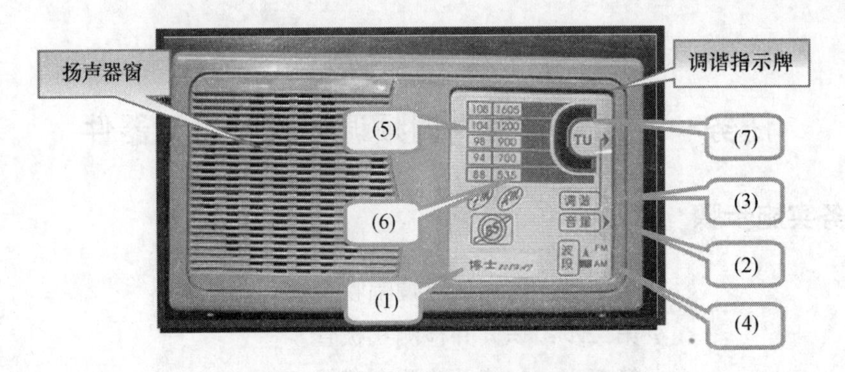

图 3-1-1　调频调幅收音机面板图

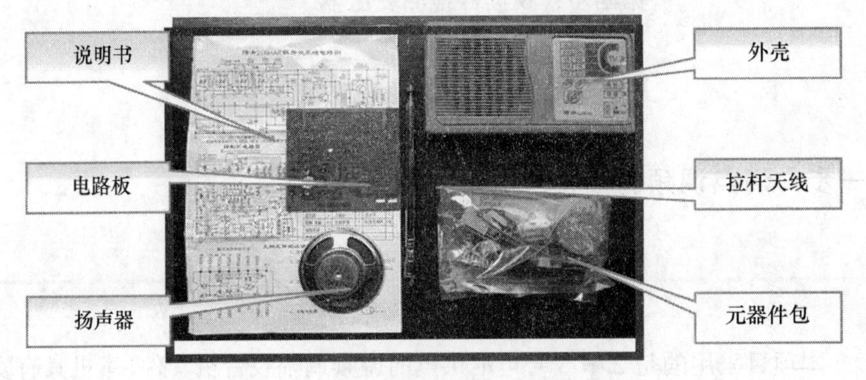

图 3-1-2　调频调幅收音机套件实物图

3．电路原理图

请读者利用原来所学的知识，分析图 3-1-3 所示的电路图的工作原理。

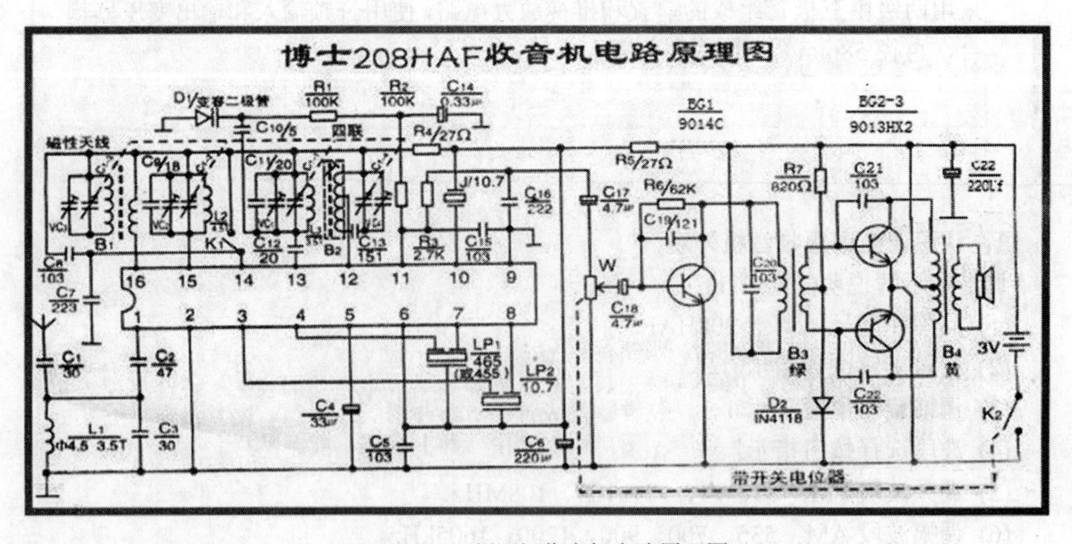

图 3-1-3　调频调幅收音机电路原理图

4．元器件清单

收音机套件的元器件清单已经给出，如表 3-1-1 所列，读者可自行清点。

表 3-1-1 调频调幅收音机套件清单

分类	序号	名称	数量	备注
阻容类	1	电阻器	7	
	2	电位器	1	
	3	喇叭	1	
	4	瓷片电容	17	
	5	电解电容	6	
	6	四联可变电容	1	
二极管类	7	变容二极管	1	
	8	二极管	1	
其他类	9	滤波器	3	
	10	集成电路(含座)	1	
	11	拉杆天线	1	
	12	波段开关	1	
	13	线路板	1	
	14	磁棒支架	2	固定磁棒
	15	ϕ3 焊片	1	连接拉杆天线
	16	ϕ2.5 螺丝	4	四联 2 个、电位器 1 个、拉杆天线 1 个
	17	ϕ3×6 自攻螺丝	1	固定线路板
	18	电池正极片	1	
	19	电池负极弹簧片	1	
	20	电池正负极连接簧片	1	
	21	调谐旋钮(大轮)	1	四联调谐旋钮
	22	音量旋钮(小轮)	1	电位器旋钮
	23	不干胶圆片	1	贴在大轮上做指针
	24	机壳	1	
	25	细导线	5	连接喇叭、拉杆天线、电池极片
	26	三极管	3	☹这几种元器件大家还不太了解，让我们一起来学习吧
	27	空心线圈	3	
	28	磁棒线圈	1	
	29	中周	1	
	30	变压器	2	

第二步：识读并检测三极管

1．三极管的封装

三极管的封装形式是指三极管的外形参数，也就是半导体三极管的外壳。图 3-1-4 及图 3-1-5 中展示的是一些常用的不同封装形式的三极管。

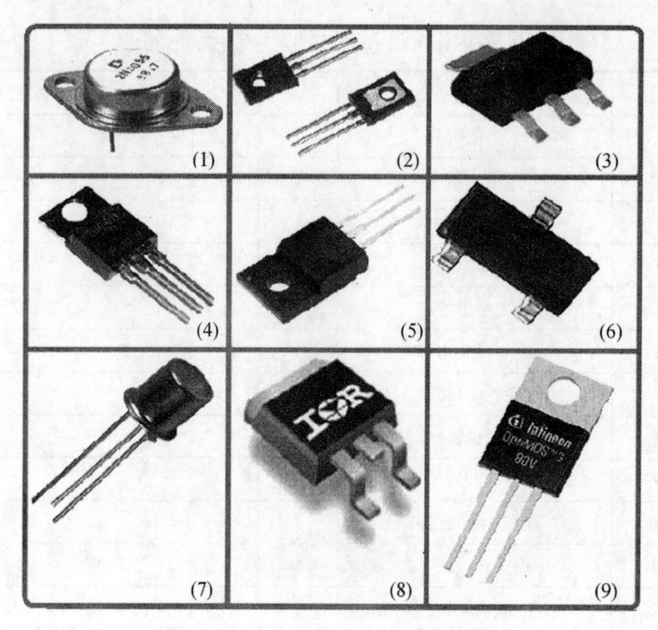

图 3-1-4　几种三极管外部封装图

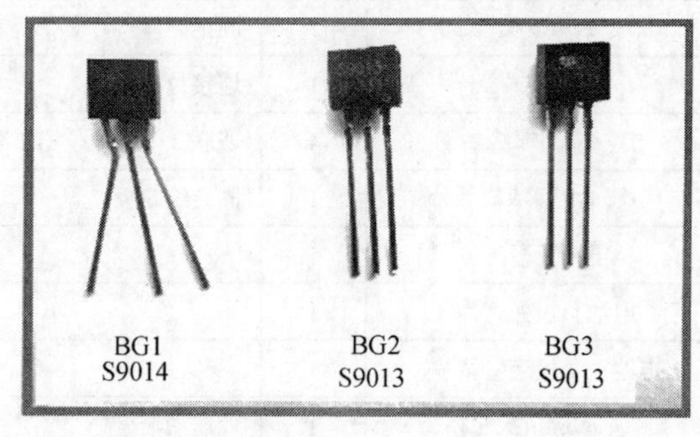

图 3-1-5　调频调幅收音机中塑封三极管实物图

材料方面，主要有金属、陶瓷和塑料。

结构方面，用 TO×××，×××表示三极管的外形。

装配形式，有通孔插装（通孔式）、表面安装（贴片式）和直接安装。

引脚形状，有长引线直插、短引线或无引线贴装等。

2．三极管的类型

(1) 按导电类型分类，可分为 NPN 型和 PNP 型。

(2) 按材料类型分类，可分为锗材料型和硅材料型。

3．三极管的内部结构

结构特点：在一块半导体材料上，划分成三个区域，形成两个相距很近的 PN 结，每个区有一根引出线，称为三个电极，如图 3-1-6 所示。

结构说明

(1) 三个区：基区、集电区、发射区。

(2) 三个极：基极、集电极、发射极；分别用小写字母 e、b、c 表示。

(3) 二个结：集电结 bc、发射结 be。

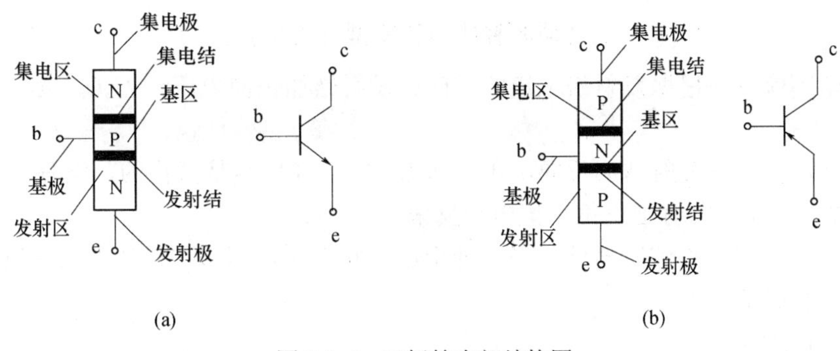

图 3-1-6　三极管内部结构图

(a) NPN 型三极管及电路符号；(b) PNP 型三极管及电路符号。

4．三极管的电路符号

(1) 文字符号：BG/V/Q。

(2) 图形符号：如图 3-1-7 所示。

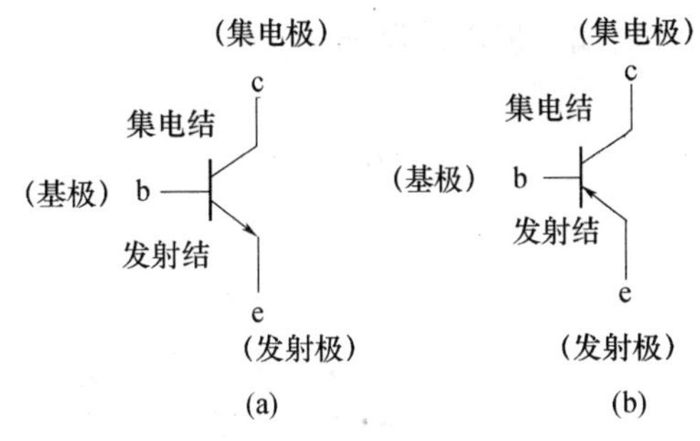

图 3-1-7　三极管外部管脚名称示意图

(a) NPN 型；(b) PNP 型。

规定：发射极上箭头所指的方向是电流的方向。

5．三极管的工作状态

三极管的三种工作状态包括放大状态、截止状态和饱和状态。

6．工作条件

三极管每种工作状态的工作要求如图 3-1-8 所示。

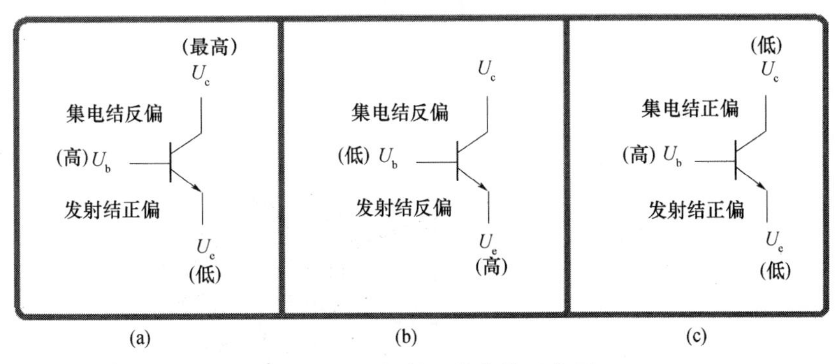

图 3-1-8　三极管工作条件示意图

(a) 放大状态；(b) 截止状态；(c) 饱和状态。

名词解释(以 NPN 型管为例)

发射结正偏——根据发射极电流的方向，发射结加正向电压，当 $U_b>U_e$ 时，PN 结才导通。

发射结反偏——发射结加反向电压，即 $U_b<U_e$，PN 结是截止的，没有电流流过。

(1) 放大条件：发射结正偏，集电结反偏。

三极管是一种电流控制器件，当它处于放大状态时，基极电流的变化控制集电极电流的变化，且成倍数关系。

放大的标志为

$$I_c=\beta I_b,\ I_e=I_b+I_c(I_e\approx I_c)$$

> **门槛电压**：硅管约 0.5V，锗管约 0.2V。
> **导通压降**：硅管约 0.7 V，锗管约 0.3V。

(2) 截止条件：发射结反偏、集电结反偏。

截止的标志为

$$I_b=0,\ I_c=0$$

相当于开关断开。

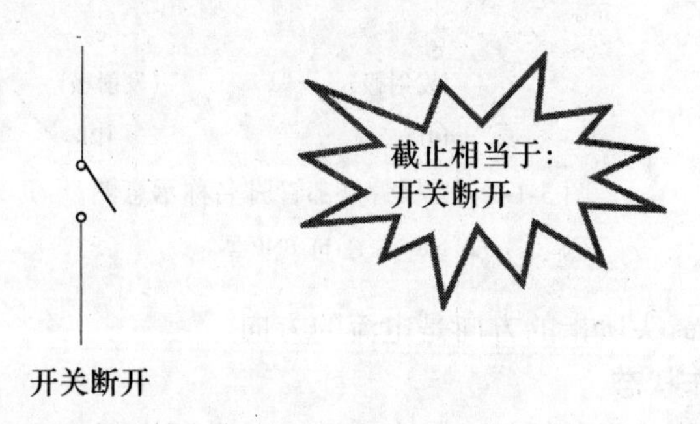

(3) 饱和条件：发射结正偏、集电结正偏。

饱和标志为

$$U_{ce}\approx 0V$$

相当于开关闭合。

7．三极管的主要作用——电流放大作用

晶体三极管电流放大作用详解

晶体三极管被称为电流控制器件。

当电路为三极管提供放大的条件时，三极管的集电极电流 I_c(输出电流)就会受到基极电流 I_b(输入电流)的控制。这就是三极管电流放大作用的实质。

8．三极管组成的典型放大电路

(1) 分压式稳定工作点放大电路原理图及各元器件名称、作用，如图 3-1-9 所示。

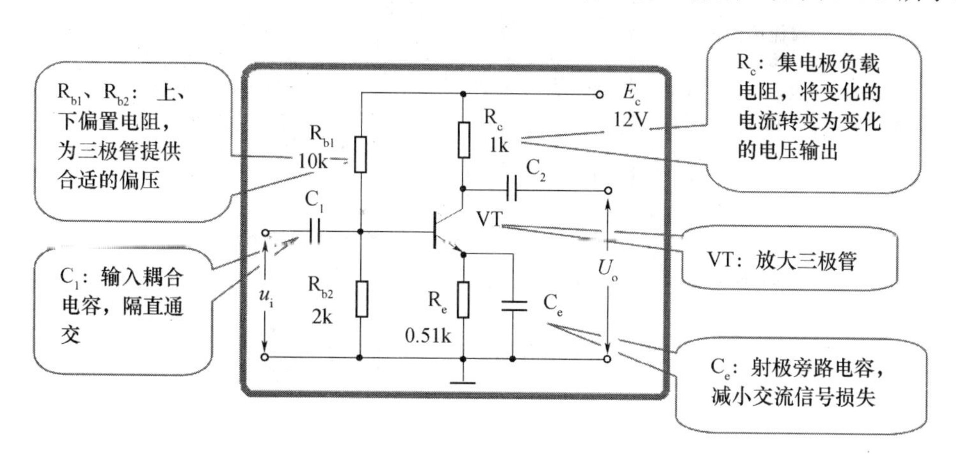

图 3-1-9　分压式偏置放大电路原理图

(2) 放大电路的直流供电通路。

描画直流供电通路的方法：从电源 E_c 正极出发，电源为三极管三个电极供电，形成闭合电路，如图 3-1-10 所示。

描画原则：把电容开路(直流电流不能通过电容)，电感短路。

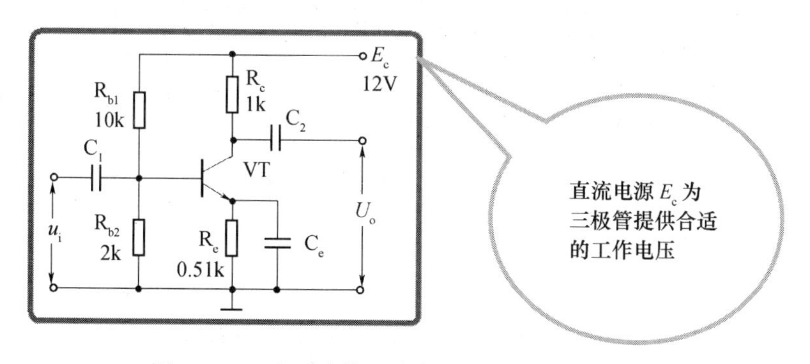

图 3-1-10　分压式偏置放大电路直流通路电路图

(3) 放大电路的交流信号通路。

描画交流信号通路的方法：电路分成输入回路和输出回路两个并联回路，如图 3-1-11 所示。

输入回路：从输入耦合电容 C_1 的左端为起点，经过三极管 BE 结，以公共接地端为终点。

输出回路：从输出耦合电容 C_2 的右端为起点，经过三极管 CE 结，以公共接地端为终点。

描画原则：电容和直流电源都简化成一条短路线。

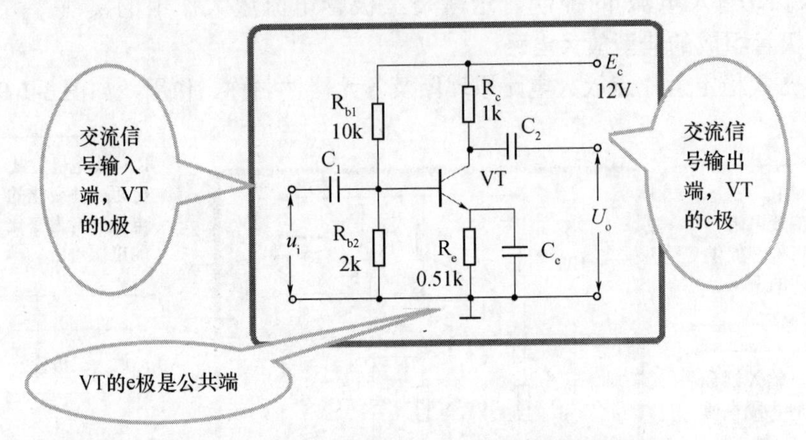

图 3-1-11　分压式偏置放大电路交流通路电路图

小贴士：分析电子线路的基本方法，如图 3-1-12 所示。

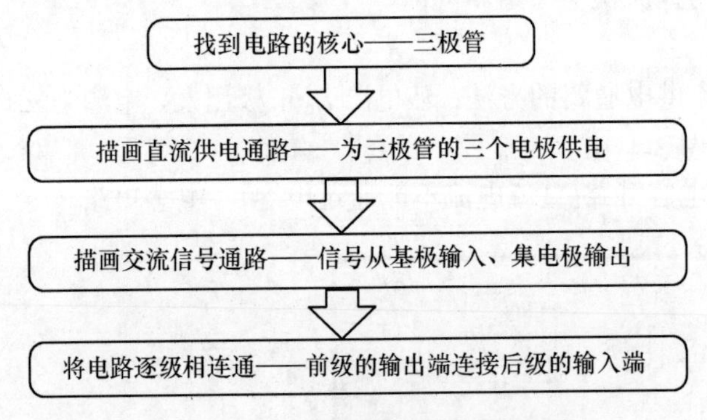

图 3-1-12　分析电子线路的基本方法

9．三极管的检测

测量三极管的要点

(1) 判别三极管的三个电极，先定 b 极，后找 c 极和 e 极。

(2) 判别 b 极的同时即可确定管型、材料和好坏。

(3) 测量三极管的电流放大倍数。

1) 判别三极管三个电极的方法

操作说明

(1) 将数字万用表功能选择开关拨到二极管挡。

(2) 将红表笔固定在三极管任意一个管脚，用黑表笔分别测量另外两个管脚。

(3) 如果两次示数一样，则将黑表笔固定在这个管脚上，红表笔分别去测量另外两个管脚。

(4) 如果两次示数还是一样，则可以判断出这个管脚就是基极。

注意：因为三极管分为 NPN 型和 PNP 型两种，因此它们的检测方式略有不同，详细情况如图 3-1-13 及图 3-1-14 所示。

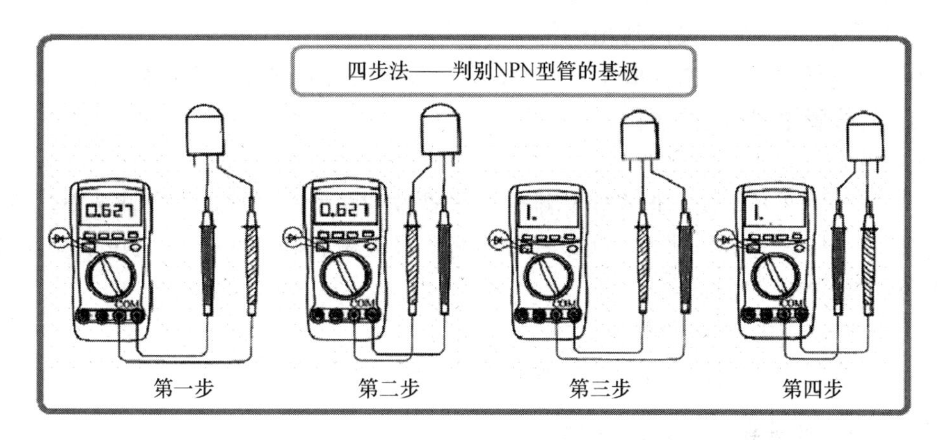

图 3-1-13　NPN 型三极管基极测量方法示意图

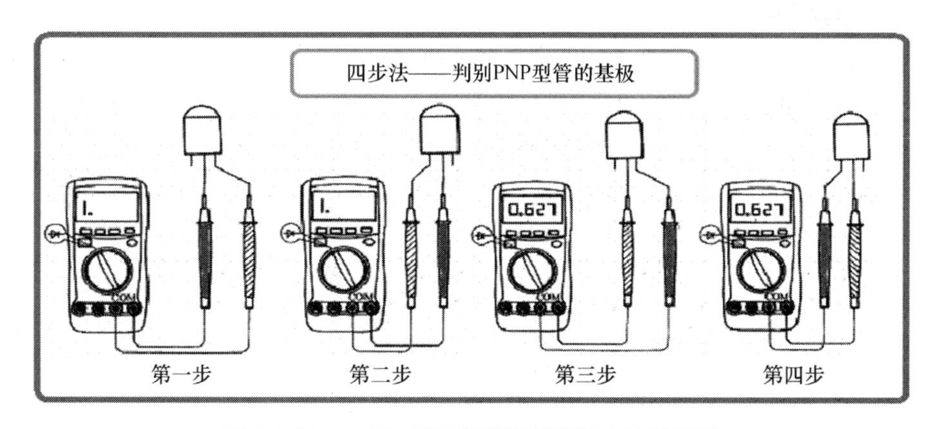

图 3-1-14　　PNP 型三极管基极测量方法示意图

2) 管型和材料的判别

管型的判别

(1) 将红表笔固定在基极上，黑表笔分别接触另外一个管脚。

(2) 如果万用表有显示数，此三极管为 NPN 型。

(3) 如果万用表显示超量程“1.”，此三极管为 PNP 型。

材料的判别

(1) 硅管——万用表的显示数为“0.6V”左右。

(2) 锗管——万用表的显示数为“0.3V”左右。

3) 判别集电极和发射极的方法

(1) 将数字万用表功能开关拨到 hfe 挡。

(2) 将三极管按正确的管型和基极插入三极管测试孔，读取数值。

(3) 将三极管 c、e 极对调，再测数值。

(4) 比较两次测量的结果，数值大的一次为 c、e 极的正确插法。

4) 电流放大倍数 hfe 的测量方法

(1) 将万用表功能开关拨到 hfe 挡。

(2) 将三极管按正确的管型和 e、b、c 极插入三极管测试孔，读取数值。

10．三极管维修代换原则

1) 数字电路中的三极管代换

原则上是原型号代换，但在实际维修中很难做到同型号代换，一般情况下，主板上一般采用的三极管大多是硅管，所以在代换时，只须做到硅管代硅管，NPN 型代 NPN 型，PNP 型代 PNP 型管即可。

2) 模拟电路中的三极管代换

需要功率大小、放大倍数大小、管型都要一样，最好原值代换。

第三步：识读并检测电感器

1．识别电感器

图 3-1-15 展示的是本套件中所需要的三个线圈，它们属于电感器的一种，因线圈匝数的不同，对电路的影响也会有所差异。

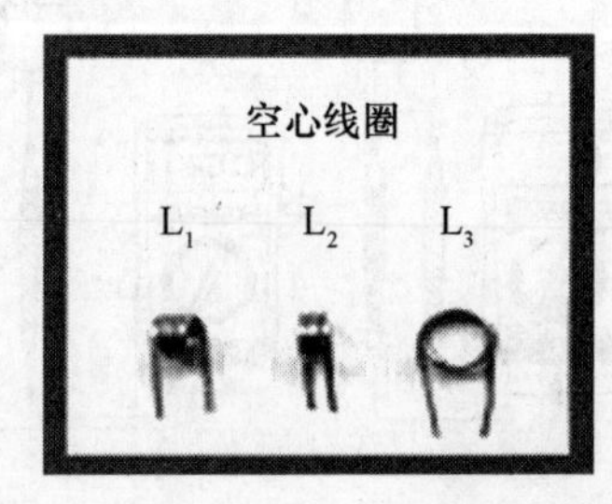

图 3-1-15　普通空心电感器实物图

2．电感器的种类

电感器因封装方式的不同可以分为不同的种类，如色环电感、线圈电感、磁芯电感、贴片电感等，如图 3-1-16 所示。

3．电路符号

(1) 字母符号：用字母“L”表示。

(2) 图形符号：不同形式的电感会有不同的符号，如图 3-1-17 所示。

图 3-1-16　几种常见电感器实物图

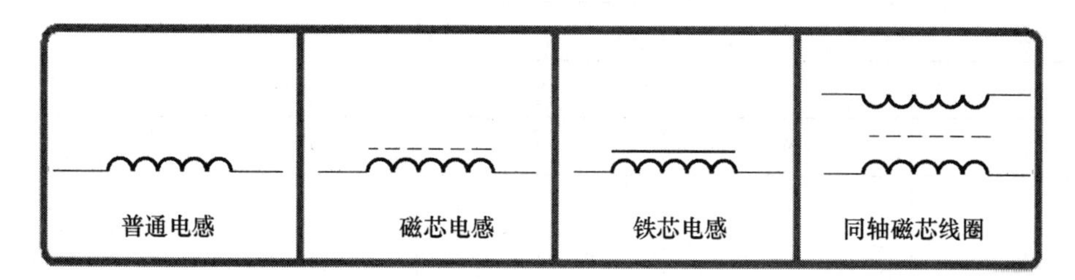

图 3-1-17　几种常用电感图形符号

4．单位及换算

(1) 单位为亨利，用字母“H”表示，比 H 小的单位有 mH、μH。

(2) 换算关系如下：

$$1\text{H}(亨)=10^3\text{mH}（毫亨）=10^6\mu\text{H}(微亨)$$

5．电感的作用

电感的基本作用有**滤波、振荡、延迟、陷波**等。电感可以通直流、隔交流，用于滤除直流供电里面的交流成分；也可以通低频、阻高频，用于滤除低频交流供电里面的高频杂波信号。

小贴士：电感的直流电阻很小，对直流电无阻碍。电感的交流感抗 $X_L=\omega L=2\pi fL$，与信号频率有关，所以电感仅对交流电起作用。

6．识读电感量

1) 色环电感

色环电感的识读方法同色环电阻是一样的。从外观上面看，色环电感比色环电阻会粗一些，色环与数字的对应关系如表 3-1-2 所列。

表 3-1-2　色环电感参数介绍

标称电感量/μH				
颜色	第一色环	第二色环	第三色环	第四色环
黑	0	0	×1	M：±20%
棕	1	1	×10	
红	2	2	×100	
橙	3	3	×1000	

(续)

标称电感量/μH				
颜色	第一色环	第二色环	第三色环	第四色环
黄	4	4	×10000	
绿	5	5	×100000	
蓝	6	6	×1000000	
紫	7	7	×10000000	
灰	8	8	×100000000	
白	9	9	×1000000000	
金	/	/	$\times 10^{-1}$ (0.1)	J：±5%
银	/	/	$\times 10^{-2}$ (0.01)	K：±10%

例如：

标称电感量及偏差为 22 μH，±5%的电感器其色码为：红红黑金。

标称电感量及偏差为 1.0 μH，±10%的电感器其色码为：棕黑金银。

标称电感量及偏差为 0.22 μH，±20%的电感器其色码为：红红银黑。

备注：LGA0204 由于体长较小，只标注前三条代表标称电感量的色码。

2) 线圈电感

电感线圈的电感量跟线圈匝数、直径以及是否有磁心有关。一般线圈匝数越多、线圈直径越大，电感量就越大，使用时产生的自感电动势就越大。有磁心的线圈，电感量比没有磁心的大许多倍。

7. 电感好坏的判断方法

(1) 直观检测法：如果发现线圈电感明显断路、接触不良、部分烧焦短路，都应该直接更换，线圈电感损坏时，一般会表现为发烫或电感磁环明显损坏。

(2) 数字万用表检测法：检测的时候万用表需要调整到蜂鸣挡，具体的检测方式如图 3-1-18 所示。

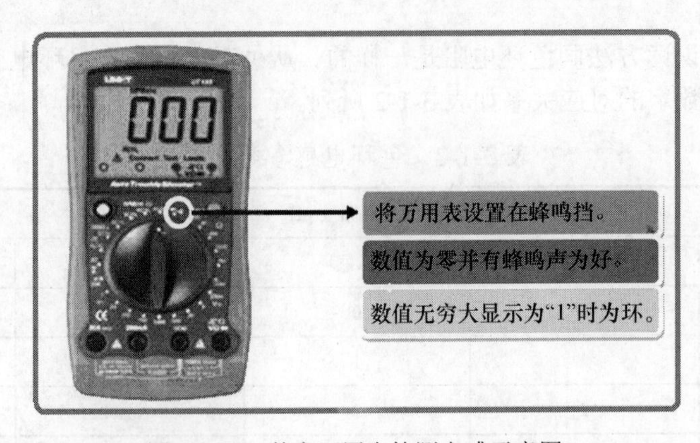

图 3-1-18 数字万用表检测电感示意图

8．电感的代换原则

(1) 电感线圈代换时要求内部磁环大小一样，绝缘铜线所绕的匝数一样。

(2) 贴片电感代换时只要体积大小一样就可以代换(体积大小表示其允许通过最大电流值)。

(3) 磁芯电感、同轴磁芯电感这样标明电感量的电感在替换时必须原值替换。

第四步：识读并检测变压器

1．识别变压器

在本收音机套件中也有一些变压器，请读者对照元器件清单将其实物找出，如图 3-1-19 所示。

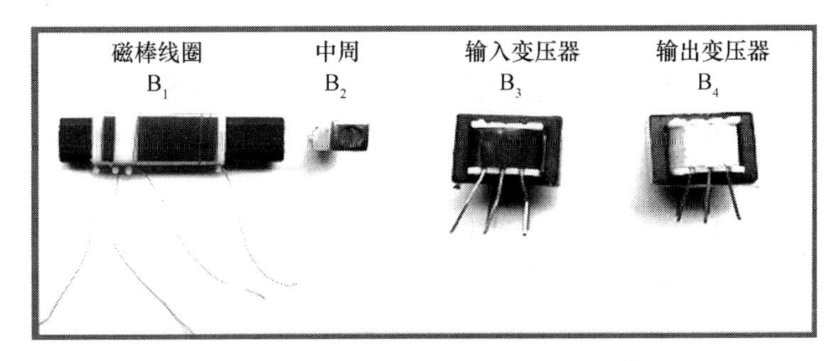

图 3-1-19　调频调幅收音机中变压器实物图

2．变压器的分类

变压器的分类如图 3-1-20 所示。

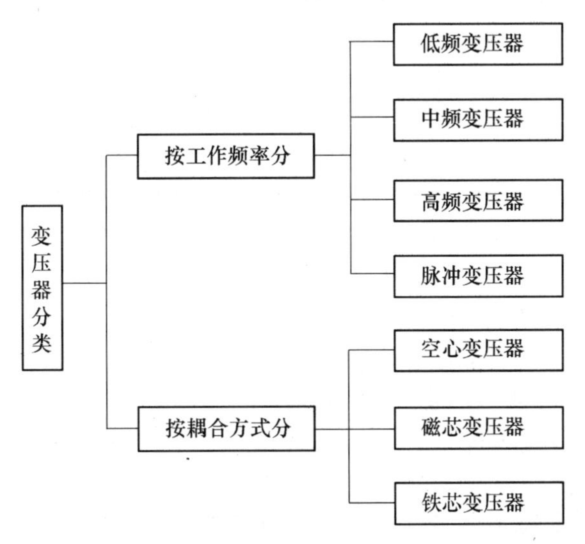

图 3-1-20　变压器的分类

几种常见的变压器如图 3-1-21 所示。

变压器初、次级线圈是相互独立的，所以直流电是不能通过的。交流电是通过感应电动势，使初、次级间产生互感效应而感应过去的，也称为信号耦合。

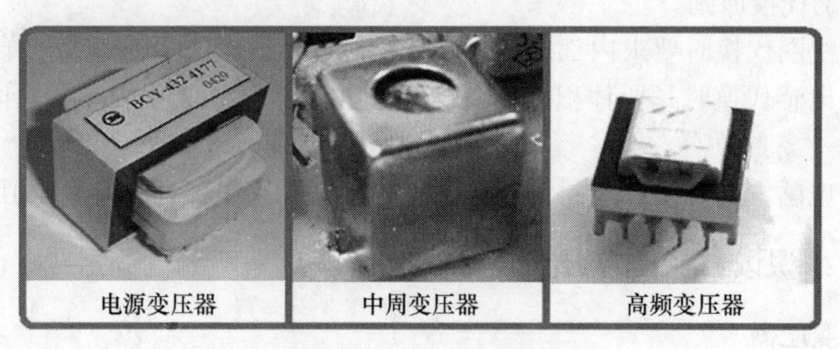

图 3-1-21　几种常见变压器实物图

小贴士：变压器可以改变相位。

在完成信号耦合的时候，通过对换初级或次级线圈的两个线头，在次级取得相反的电压极性，即可改变电压相位。

3．电路符号

(1) 字母符号：用字母“B”或“T”表示。

(2) 图形符号：如图 3-1-22 所示。

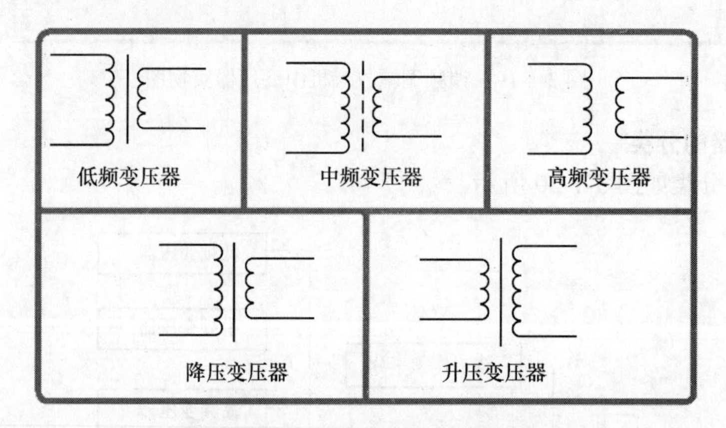

图 3-1-22　变压器图形符号

4．变压器好坏的判断与测量

(1) 气味判断法：只要闻到绝缘漆烧焦的味道，就表明变压器正在烧毁或者已经烧毁。

(2) 外表直观法：对变压器进行表面观察、仔细查看，如果发现表面明显烧坏、线圈短路、引脚接触不良、磁芯断裂等，都表示此变压器已损坏。

(3) 万用表检测法。

① 阻值测量法：测量初、次级线圈绕组的阻值。

② 电压测量法：通电工作时，测量次级电压，如果测出的电压值不符合正常输出值，表示已损坏。

5．变压器的代换原则

要求相同类型，相同输入、输出电压值，以及相同功率，才能替换。

任务二　组装调频调幅收音机

任务实施步骤

第一步：熟悉收音机线路板
第二步：安装并焊接收音机元器件
第三步：学习分析调频调幅收音机电路

第一步：熟悉收音机线路板

调频调幅收音机的印制线路板尺寸为 76mm×71mm，外壳尺寸为 143mm×76mm×30mm，线路板正面涂有绿色阻焊剂，背面印有元器件的名称及符号，便于安装与焊接，如图 3-1-23 所示。

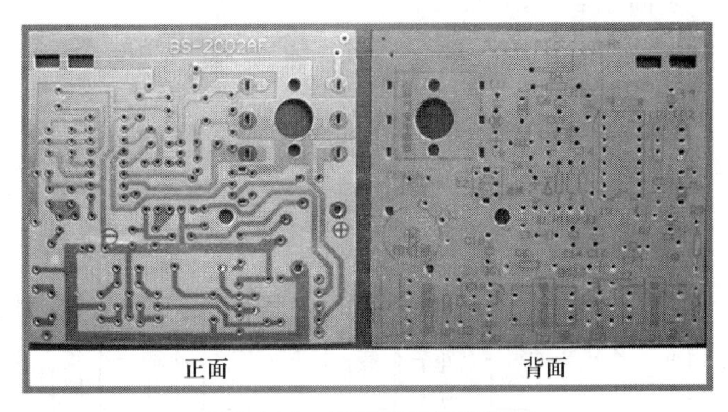

图 3-1-23　印制线路板实物图

这款调频调幅收音机线路板元器件分布密度低，喇叭的直径和功率也比以往更大，音质更好，声音更加洪亮。拉杆天线有7节，总长为46cm，接收信号能力更强。如图3-1-24所示是一台已经焊接完成的收音机电路板。

图 3-1-24　调频调幅收音机线路板成品实物图

第二步：安装并焊接收音机元器件

1．阅读安装须知

(1) 焊接前须检测元器件，如电阻、电容、二极管、三极管、变压器等。

(2) 按从低到高的顺序安装和焊接元器件。

(3) 安装要求。

① 电阻按阻值选择，根据焊盘孔距选择安装方式，卧式安装应紧贴线路板。

② 二极管、电解电容应注意极性，集成块应注意方向。

③ 三极管应注意型号。

④ 不要乱调中周的频率，中周在出厂前均已调在规定频率上。

⑤ T5 为输入变压器，线圈骨架上的凸点标记为初级，印制板上也有圆点作为标记，其接线图在印制板上可以很明显地看出，安装时不要装反。

(4) 一台合格的调频调幅收音机组装完成后，装入电池，应进行下列几项检查。

① 电源开关手感良好，旋转顺滑，音量正常可调。

② 波段选择旋钮旋转顺滑，电台清晰，收听正常。

③ 收音机外壳表面无划痕、烫伤。

④ 后盖与前盖严密贴合，无大缝隙。

2．熟悉元器件的安装顺序

应熟悉如图 3-1-25 所示的元器件安装顺序。

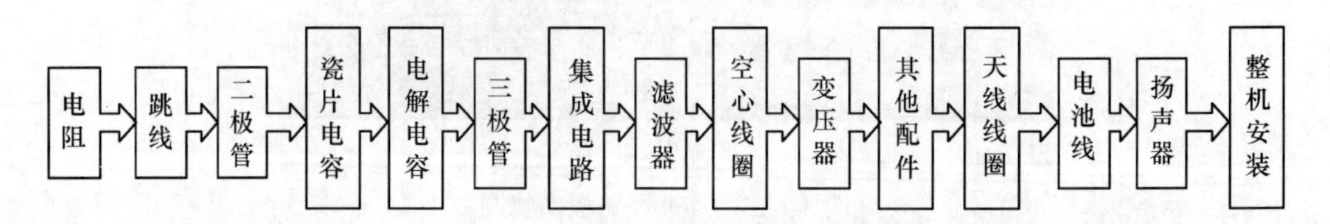

图 3-1-25　元器件安装顺序

3．安装并焊接元器件

参照图 3-1-26～图 3-1-29 完成本收音机套件的制作。

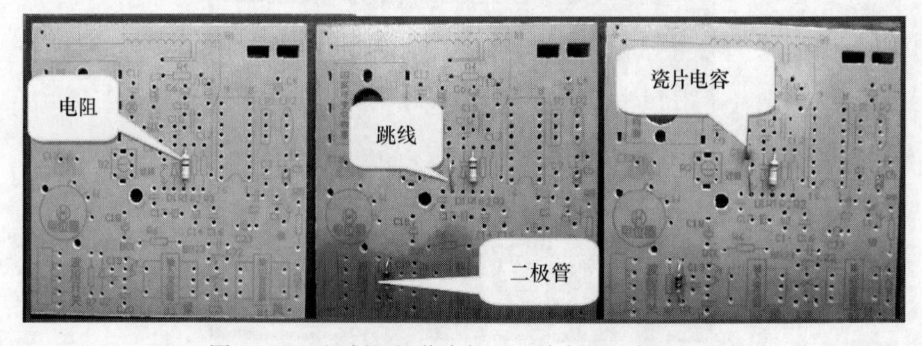

图 3-1-26　调频调幅收音机元器件安装示意图(一)

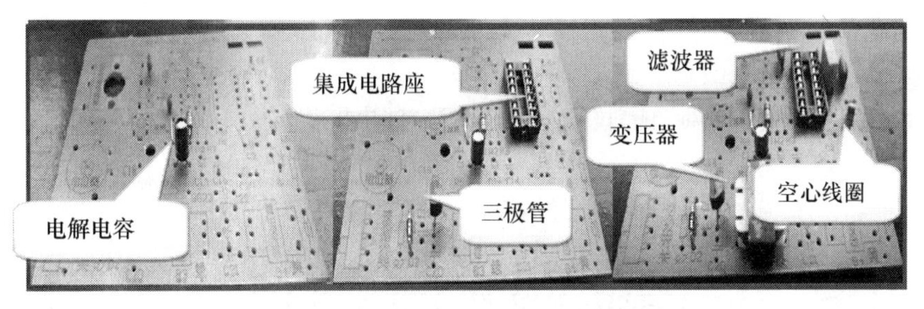

图 3-1-27　调频调幅收音机元器件安装示意图(二)

图 3-1-28　调频调幅收音机元器件安装示意图(三)

图 3-1-29　调频调幅收音机元器件安装示意图(四)

第三步：学习分析调频调幅收音机电路

1．电路组成方框图

图3-1-30所示为收音机的结构框图，清楚地了解收音机的结构框图，对分析电路和学习它的工作原理都有很大的帮助。

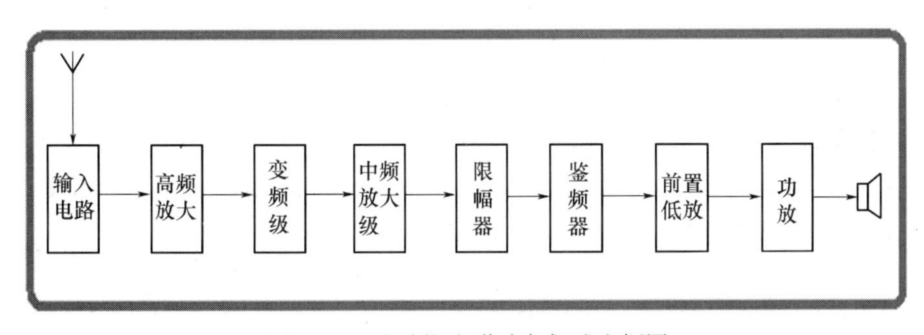

图 3-1-30　调频调幅收音机组成方框图

2．电路工作过程分析

1) 识读电路原理图

如图3-1-31所示为调频调幅收音机的工作原理电路图。

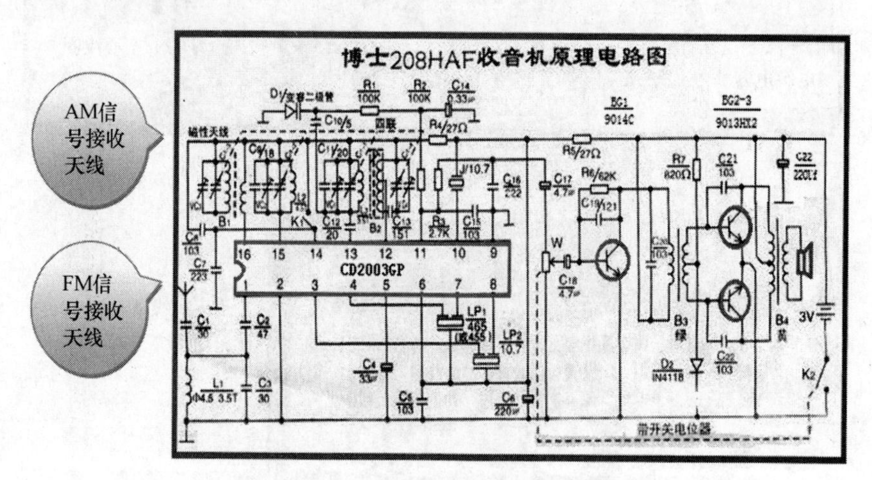

图 3-1-31　调频调幅收音机原理电路图

(1) 磁性天线接收AM调幅信号。

(2) 拉杆天线接收FM调频信号。

(3) 集成电路CD2003GP完成高频放大、变频、中频放大、限幅器、鉴频器的作用。

(4) 以BG1为核心构成低频放大器完成前置低频放大作用。

(5) 由BG2、BG3组成推挽功率放大器完成功率放大作用。

(6) 扬声器播放声音信号。

2) 识读集成电路CD2003GP

集成电路CD2003GP管脚图如图3-1-32所示。

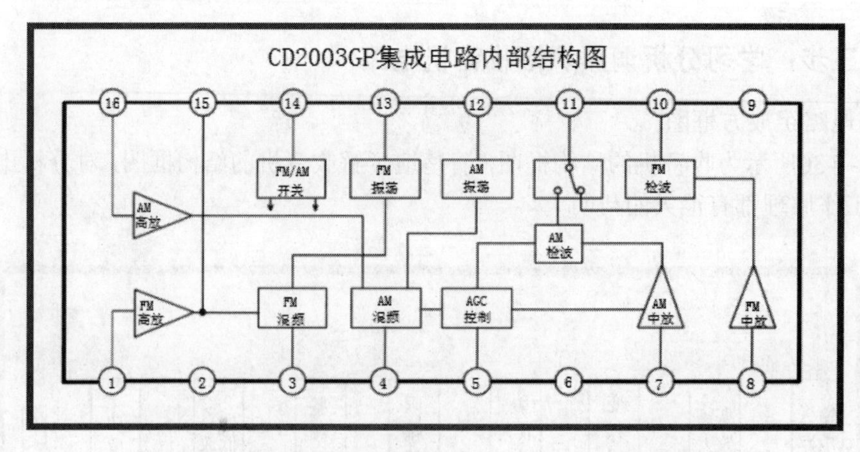

图 3-1-32　调频调幅收音机集成电路 CD2003GP 管脚说明图

集成电路CD2003GP引脚说明：①FM射频输入；②输入回路地；③FM混频输出；④AM混频输出；⑤AGC控制；⑥电源；⑦AM中频输入；⑧FM中频输入；⑨输出回

路地；⑩移相网络；⑪检波输出；⑫AM振荡；⑬FM振荡；⑭AM/FM控制；⑮FM调谐；⑯AM射频输入。

3) 调频调幅收音机直流供电通道分析与描画

本机由 3V 直流电源供电，分别为 CD2003GP 集成电路 6 脚、BG_1、BG_2、BG_3 的集电极和基极提供合适的电压，经过集成电路 2 脚、BG_1、BG_2、BG_3 的发射极接地形成回路，保证整机的正常工作所需的电压，如图 3-1-33 所示。

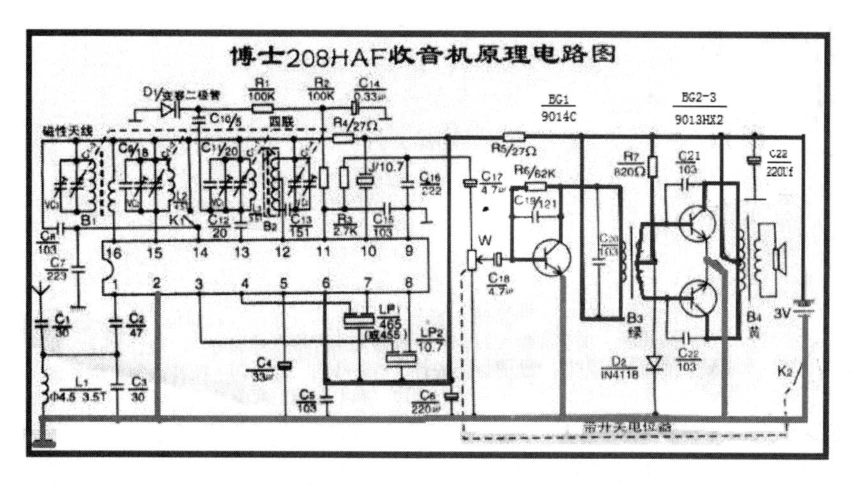

图 3-1-33　调频调幅收音机供电通道示意图

4) 调频调幅收音机信号流程分析与描画

调频调幅收音机信号流程如图 3-1-34 所示。

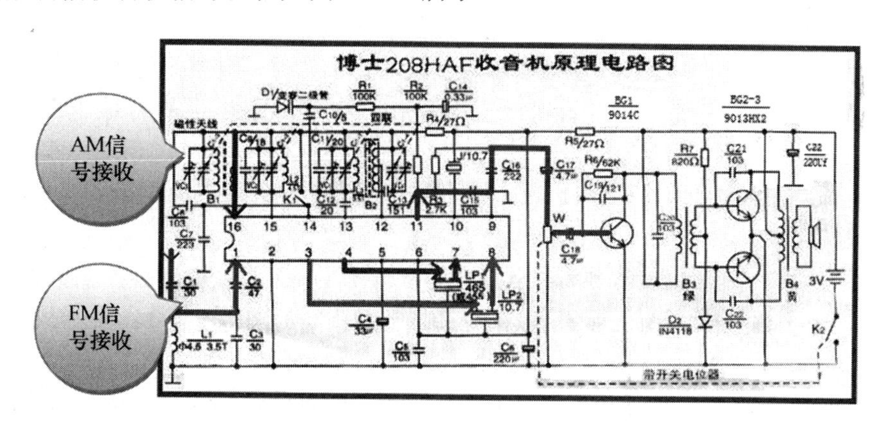

图 3-1-34　调频调幅收音机信号流程示意图

调频高、中频信号流程：调频信号经拉杆天线接收后，送入集成电路 1 脚，经集成电路 CD2003GP 完成高放、本振、混频，从 3 脚输出混频信号，经 LP2 选出 10.7MHz 的中频信号从 8 脚再次送入集成电路，经集成电路放大、检波后从 11 脚输出。

调幅高、中频信号流程：调幅信号经磁性天线接收后，送入集成电路 16 脚，经集成电路 CD2003GP 完成高放、本振、混频，从 4 脚输出混频信号，经 LP1 选出 465kHz 的中频信号从 7 脚再次送入集成电路，经集成电路放大、检波后从 11 脚输出。

调频调幅低频信号流程：11 脚输出的低频信号被送入 BG_1 组成的低放，再经变压器 B_3 耦合将信号送给由 BG_2、BG_3 构成的推挽功放电路，经功率放大后的信号经变压器 B_4 耦合送入喇叭，还原成声音信号播出。

任务三　检修调频调幅收音机

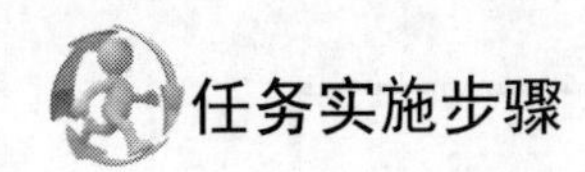

第一步：调频调幅收音机故障分析
第二步：检修调频调幅收音机

第一步：调频调幅收音机故障分析

1．故障原因分析

(1) 焊接工艺不良，出现虚焊、假焊等。

(2) 接插件接触不良，造成开路。

(3) 元器件排布不当，造成短路。

(4) 元器件未经检测直接安装。

2．检修方法

(1) 直观检查法：不通电，凭借维修人员的手、眼、鼻、耳等直觉感官检查故障。

(2) 电压测量法：通电，测量电源电压和各三极管三个电极的对地电压，判断故障位置。

(3) 电流测量法：若电源电压正常，则可将电流表串联在“电流测量口”上，测量各三极管的集电极电流，判断故障位置。

(4) 信号追踪法：用信号发生器，从后级逐级向前，用探头分别碰触各三极管的基极，注入音频、中频和高频信号，若扬声器能发出声响，就说明电路正常，否则故障就发生在此级。

(5) 干扰追踪法：手握简单的金属工具（镊子或改锥的金属头），从后级逐级向前，分别碰触各三极管的基极，相当于用人体当信号，若扬声器能发出声响，就说明电路正常，否则故障就发生在此级。

(6) 代换对比法：将可疑元器件（特别是小容量电容）用相同型号的新元件替换，若电路由此正常工作，说明该元件损坏。

第二步：检修调频调幅收音机

(1) 先断电，后通电(在不通电的状态下进行故障排除)。

(2) 先附件，后整机(用导线连接的外接附件是否开路)。

(3) 先观察，后缩小故障范围(眼观是否有短路、连焊、未焊、断线的现象)。

(4) 先直流，后交流(先检查直流供电通路上的元器件，再检查交流信号通道上的元器件)。

1．直观检查

对组装完成的调频调幅收音机线路板进行初步检查，检查正面的焊点是否有漏焊、连焊、虚焊、焊盘脱落等情况，检查反面的元器件是否有安装太高、极性接反、位置装错、元件两脚相碰等情况。图 3-1-35 所示为一台制作完成的电路板，读者可以参照其检查自己电路板上的元器件插接情况。

图 3-1-35　调频调幅收音机线路板成品实物图

2．通电检查

安装电池或接通电源，打开调频调幅收音机电源开关，按下调频/调幅选择按钮，旋转四联调谐旋钮，选择相应电台，若能正常收听，声音洪亮，即为正常，否则需要维修。

3．判断故障部位并维修

(1) 电压测量法：测量电源电压和各三极管三个电极的对地电压，测量集成电路 6 脚对地电压。

(2) 干扰追踪法：手握简单的金属工具(镊子或改锥的金属头)，从后级逐级向前，分别碰触各三极管的基极，集成电路 11 脚、7 脚、8 脚、3 脚、4 脚、1 脚、16 脚、天线，相当于用人体当信号，若扬声器能发出声响，就说明电路正常，否则故障就发生在此级。

(3) 代换对比法：将可疑元器件(特别是小容量电容)用相同型号的新元件替换，若电路由此正常工作，说明该元件损坏。

检修完成之后，一台收音机就做好了！

知识拓展

无线电波发射与接收的基本原理

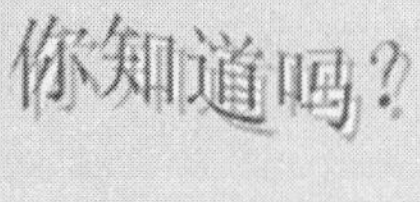

19世纪60年代，麦克斯韦建立了完整的电磁理论，预言了存在电磁波。1887年，德国物理学家赫兹第一次用实验证实了电磁波的存在。

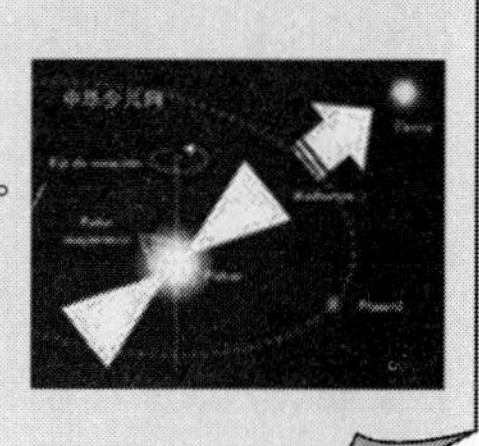

1. 无线电波的发射

我们知道，利用天线可以把无线电波向空中发射出去。但是天线长度必须和电波波长相对应，才能有效地发射。而且只有频率相当高的电磁场才具有辐射能力，因此，必须利用频率较高的无线电波才能传送信号。

1) 调制的概念

我们把无线电发射机中产生的高频振荡称为“载波”，将音频信号加到“载波”上，这个过程叫调制。经过调制以后的高频振荡称为已调信号。利用传输线可把已调信号送到发射天线，变成无线电波发射到空间去。经过调制以后可以使广播信号有效地发射，而且不同的发射机可以采用不同的“载波”频率，使彼此互不干扰。

2) 调制的方式

(1) 调幅。所谓调幅是指高频载波的幅度随音频信号的变化而变化，而载波的频率不变化。例如，声音经传声器转换成音频信号，音频信号改变发射机中高频载波的振幅就是调幅。声音越大，高频载波的振幅变化也越大。这种调制方式得到的已调波称为调幅波，如图 3-1-36 所示。

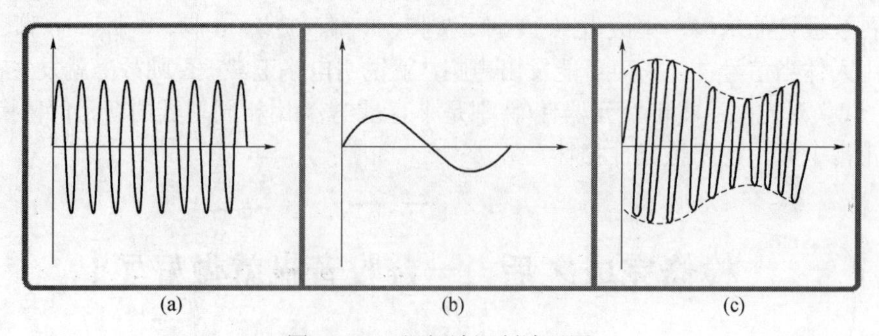

图 3-1-36　调幅波调制波形图

(a) 高频信号；(b) 音频信号；(c) 调幅信号。

(2) 调频。使载波频率按照调制信号改变的调制方式叫调频，经过调频的波叫调频波。已调波频率变化的大小由调制信号的大小决定，变化的周期由调制信号的频率决定。已调波的振幅保持不变。调频波的波形，就像是一个被压缩得不均匀的弹簧，调频波用英文字母 FM 表示，如图 3-1-37 所示。

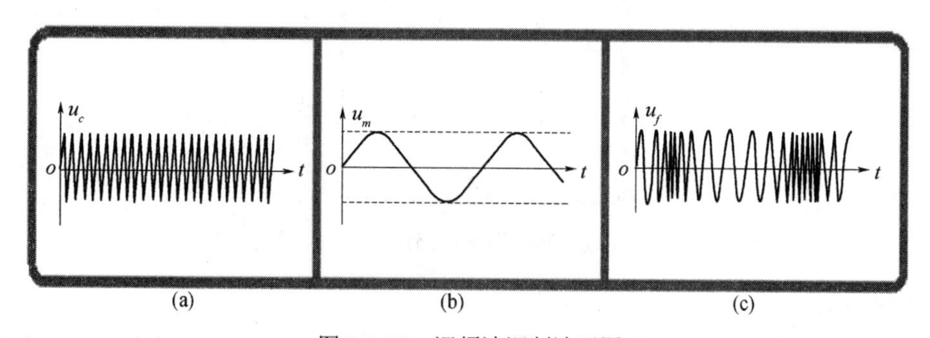

图 3-1-37 调频波调制波形图

(a) 高频信号；(b) 低频信号；(c) 调频信号。

(3) 调相。载波的相位对其参考相位的偏离值随调制信号的瞬时值成比例变化的调制方式，称为相位调制，或称调相。调相和调频有密切的关系。调相时，同时有调频伴随发生；调频时，也同时有调相伴随发生，不过两者的变化规律不同。实际使用时很少采用调相制，它主要用于得到调频，如图 3-1-38 所示。

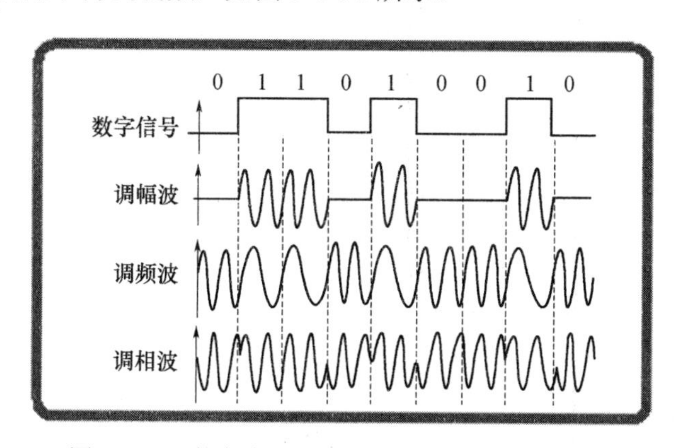

图 3-1-38 数字信号调制调幅、调频、调相波形图

调相即载波的初始相位随着基带数字信号而变化，例如数字信号 1 对应相位 180°，数字信号 0 对应相位 0°。这种调相的方法又称相移键控 PSK，其特点是抗干扰能力强，但信号实现的技术比较复杂。

2. 无线电波的接收

1) 接收无线电波

电磁波在空间传播时，如果遇到导体，会使导体产生感应电流，因此利用放在电磁波传播空间中的导体——接收天线，可以接收到电磁波。感应电流的频率跟激起它的电磁波的频率相同。如何使所需要的电磁波在接收天线中激起的感应电流最强呢？当接收电路的固有频率跟接收到的电磁波的频率相同时，接收电路中产生的振荡电流最强。在收音机内具有接收无线电波的调谐装置，其电路原理图如图 3-1-39 所示，通过改变可变电容的电容大小可改变调谐电路的固有频率，进而使其与接收电台的电磁波频率相同，这个频率的电磁波就在调谐电路里激起较强的感应电流，这样就选出了电台。

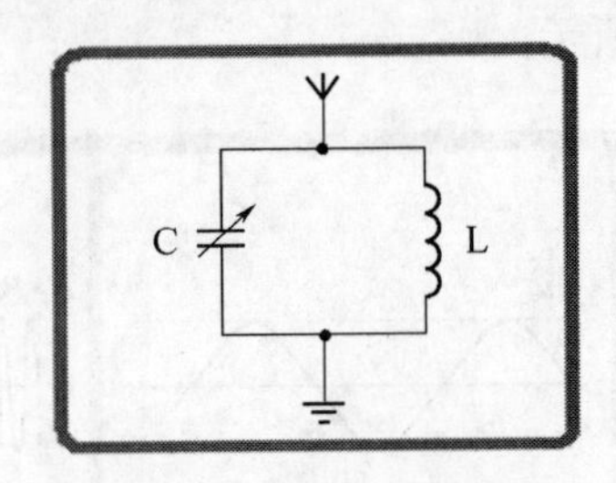

图 3-1-39　调谐电路原理图

2) 接收范围

频率范围是指接收机所能接收的广播电台信号的频率宽度，一般称为波段，用频率单位千赫(kHz)或兆赫(MHz)表示，有时也用波长单位(m)表示。接收机的频率范围是在进行产品设计时确定的，并体现在接收机所能接收的波段数上。一个波段就是一个频率范围，一般调幅广播中波只设一个波段，其频率范围按 GB9374—87 规定为 526.5～1606.5kHz；短波为 2.3～26.1MHz，可分为一个或几个波段。

项目二　制作开关电源

项目描述

随着电力电子技术的高速发展，电力电子设备与人们的工作、生活的关系日益密切，而电子设备都离不开可靠的电源。20 世纪 80 年代，计算机电源全面实现了开关电源化，率先完成计算机的电源换代；90 年代，开关电源相继进入各种电子、电器设备领域，程控交换机、通信、电子检测设备电源、控制设备电源等都已广泛地使用了开关电源，更促进了开关电源技术的迅速发展。

什么是开关电源？开关电源是怎么工作的？通过本项目任务的完成，同学们将会对开关电源元件组成和工作原理有一个深入的了解，同时也为今后学习计算机硬件知识奠定一个坚实的基础。

【项目目标】

(1) 掌握常用场效应管型号、参数、引脚定义。
(2) 能识读场效应管并会检测场效应管的好坏。
(3) 了解开关电源电路的基本结构、元件组成和工作原理。
(4) 了解开关电源的设计、制作与故障检测流程。
(5) 能制作简单的开关电源电路。

任务一　清点开关电源元器件

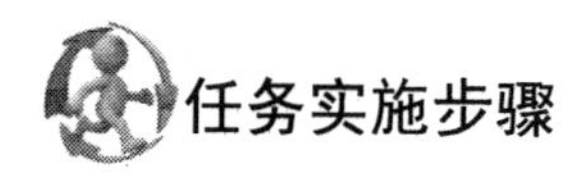

第一步：清点元器件
第二步：检测场效应管
第三步：检测光电耦合器
第四步：检测其他元器件

第一步：清点元器件

如图 3-2-1 所示为 WFS-405 开关电源套件的实物图，读者可根据表 3-2-1 来清点、识别该套件的所有元器件。

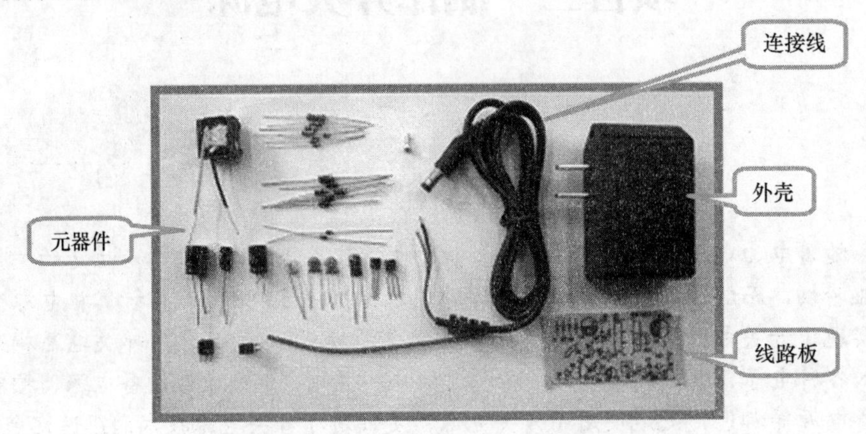

图 3-2-1　WFS-405 开关电源套件实物图

表 3-2-1　开关电源元器件清单

序号	标注	名称	型号规格	数量	序号	标注	名称	型号规格	数量
1	R_1	电阻	1Ω	1	16	D_5	二极管	FR107S	1
2	R_2	电阻	5.6Ω	1	17	D_6	二极管	1N4148	1
3	R_3	电阻	270Ω	1	18	D_7	二极管	SR2100	1
4	R_4	电阻	510Ω	1	19	D_8	稳压管	11V	1
5	R_5	电阻	1kΩ	1	20	Q_1	场效应管	DINA6	1
6	R_6	电阻	1.8kΩ	1	21	Q_2	三极管	9012	1
7	R_7	电阻	100kΩ	1	22	Q_3	三极管	9014	1
8	R_{11}	电阻	1.2MΩ	1	23	T_1	变压器	—	1
9	C_1	电解电容	470 μF /400V	1	24	IC_1	光耦	—	1
10	C、C_5	高压电容	102/1KV	2	25		电源线	—	1
11	C_2	涤纶电容	472	1	26		外壳	—	1
12	C_3	涤纶电容	2A103J	1	27		自攻螺钉	2.6×8	1
13	C_4	电解电容	10 μF /50V	1	28		连接线	0.3×10	1
14	C_8	电解电容	470 μF /16V	1	29		线路板	—	1
15	D_1~D_4	二极管	IN4007	4	30		说明书	—	1

第二步：检测元器件

1. 认识常用场效用管

场效应管(简称 FET)利用输入 G 极的电压产生的电场效应控制 DS 极间的输出电流，所以又称为电压控制型器件。它工作时只有一种载流子(多数载流子)参与导电，故也称单极型半导体三极管。如图 3-2-2 所示是一些常用的不同封装的场效应管。

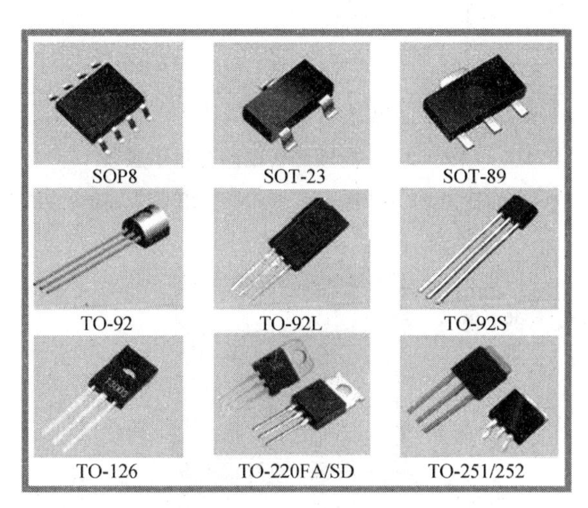

图 3-2-2　常用场效应管外形实物图

2. 常用场效应管分类

图 3-2-3 展示的是场效应管根据制作方式、制作材料的不同来进行分类的情况。

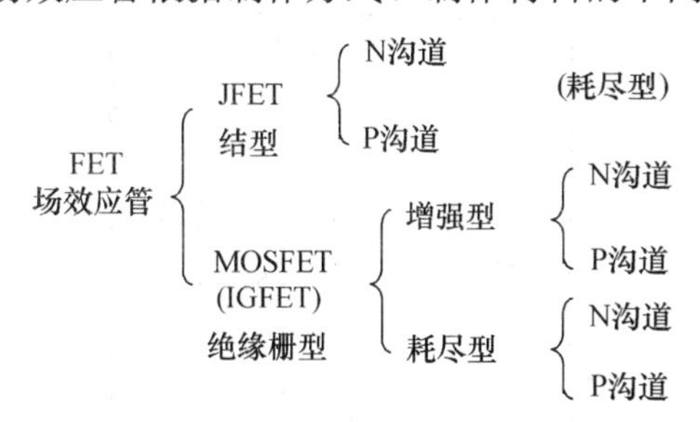

图 3-2-3　场效应管分类图示

3. 常用场效应管电路符号

不同类型的场效应管在电路中的符号表示也是不同的，如图 3-2-4 所示。

4. 识读 WFS-405 开关电源场效应管

1) DINA6 管脚名称及排列方式

场效应管有三个电极分别是栅极 G(又称控制极)、漏极 D(又称供电极)、源极 S(又称输出极)，如图 3-2-5 所示。

2) DINA6 场效应管类型

属于 N 沟道增强型场效应管，电路符号中栅极的箭头方向可理解为两个 PN 结的正向导电方向，如图 3-2-6 所示。

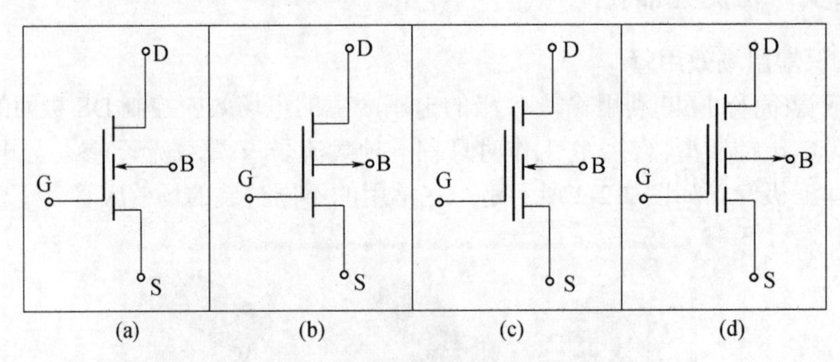

图 3-2-4　场效应管电路符号示意图

(a) N 沟道增强型；(b) P 沟道增强型；(c) N 沟道耗尽型；(d) P 沟道耗尽型。

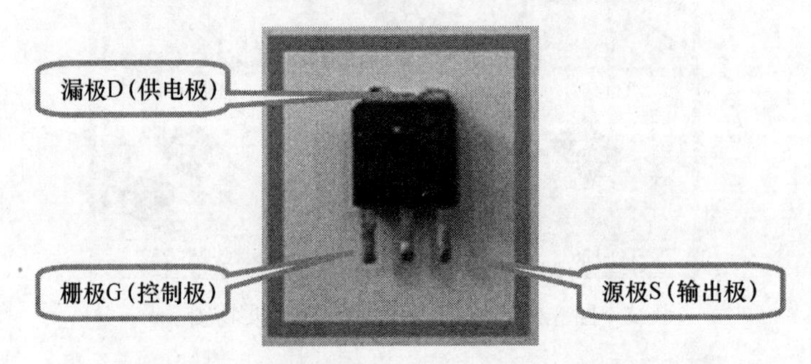

图 3-2-5　场效应管 DINA6 电极示意图

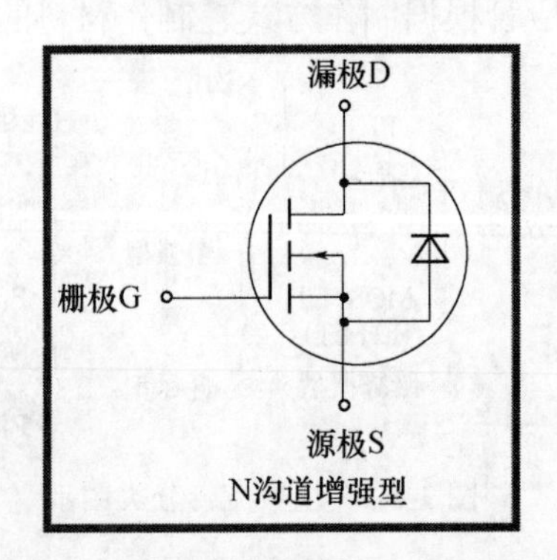

图 3-2-6　场效应管 DINA6 内部结构示意图

5．检测 WFS-405 开关电源场效应管 DINA6

选择数字万用表的二极管挡或蜂鸣挡。具体检测现象如图 3-2-7 所示。

(1) 判定 G 极。G 极与 D 极、S 极在结构上是不接通的，测量时将一个表笔固定在一个电极，另一个表笔分别放在另两个电极，若某极与其它极之间的电阻都是无穷大，显示“1”，即证明此脚是栅极 G。

(2) 判定 S-D 极及好坏。红、黑表笔分别接 S-D 两极，对调两表笔再测一次，两次测量 S-D 之间的数值一次显示“567”，另一次显示“1”，则说明场效应管是好的，并且显示“567”时红表笔接的是 S 极。

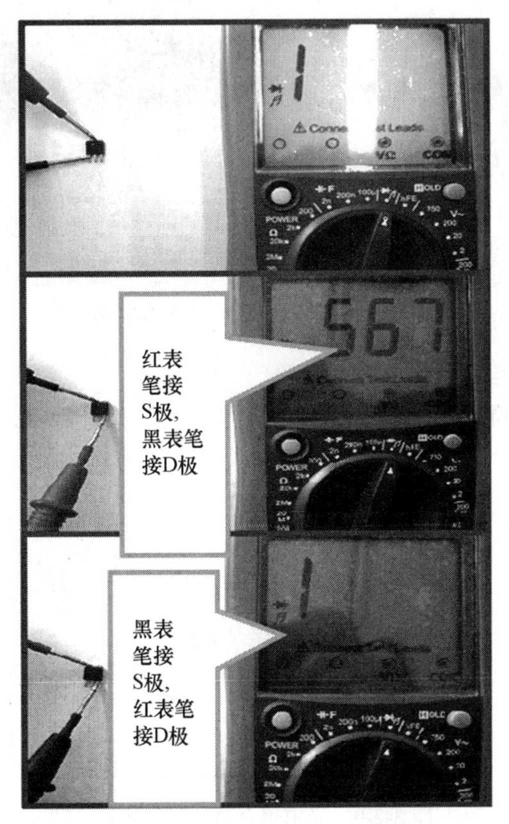

图 3-2-7　场效应管 DINA6 检测示意图

第三步：检测光电耦合器

1．认识光电耦合器(简称光耦)

小知识

光电耦合器就是通过电—光—电的转换，起到隔离输入/输出信号的作用。即输入的电信号驱动发光二极管（LED），使之发出一定波长的光，被光探测器接收而产生光电流，经过放大后输出电信号，因而称为光电耦合器，简称光耦。图 3-2-8 所示是一些比较常见的光电耦合器实物图。

常见的光电耦合器有四种类型：

(1) 发光二极管与光电晶体管封装的结构，为双列直插 4 引脚塑封,主要用于开关电源电路中。

(2) 发光二极管与光电晶体管封装的结构,为双列直插 6 引脚塑封,也用于开关电源电路中。

(3) 发光二极管与光电晶体管 (附基极端子)封装的结构，为双列直插 6 引脚塑封,主要用于 AV 转换音频电路中。

(4) 发光二极管与光电二极管加晶体管 (附基极端子)封装的结构，为双列直插 6 引脚塑封，主要用于 AV 转换视频电路中。

图 3-2-8　常用光电耦合器实物图

2．光电耦合器的组成

光电耦合器由光的发射、光的接收及信号放大三部分组成，如图 3-2-9 所示。

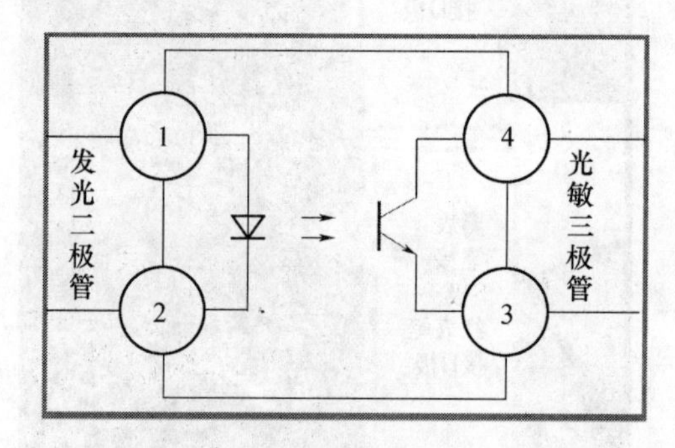

图 3-2-9　光电耦合器电路结构示意图

3．检测光电耦合器

在这款开关电源中所用的光电耦合器是发光二极管与光电晶体管封装，结构为双列直插 4 引脚塑封，如图 3-2-10 所示。

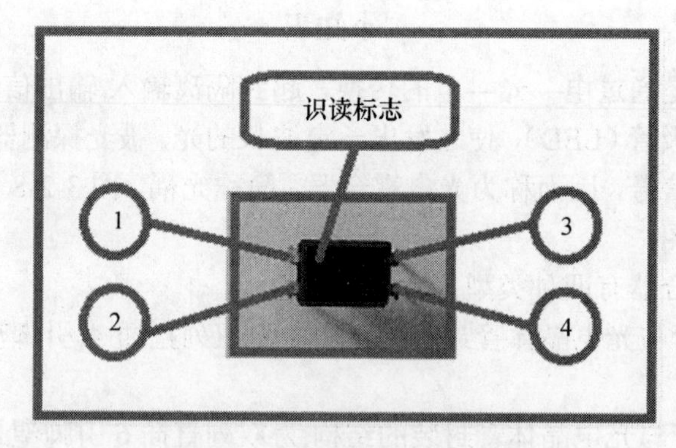

图 3-2-10　光电耦合器管脚排列图

(1) 判断发光二极管好坏与极性，如图 3-2-11 所示。

用数字万用表二极管挡测量光耦的①和②脚，表笔对调测量 2 次，发光二极管导通时有数值显示，不导通或损坏时，双向都会显示“1”。

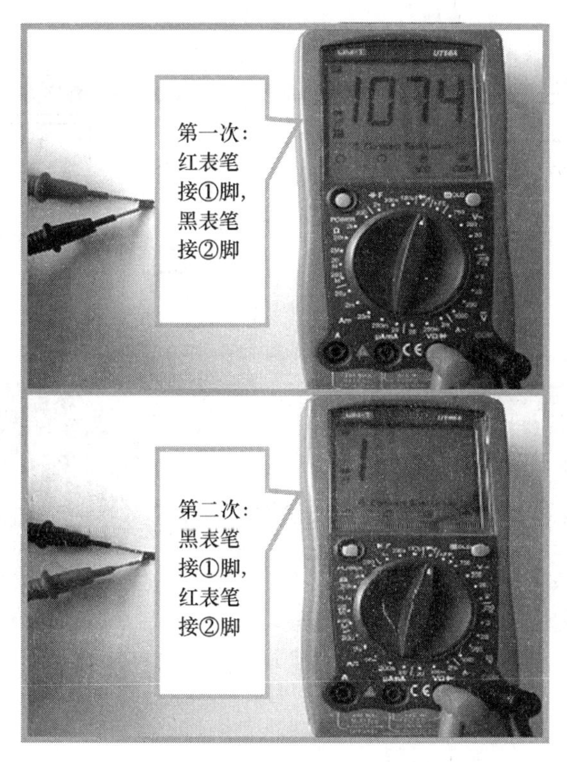

图 3-2-11　光电耦合器好坏测量示意图

(2) 光耦传输特性的测量：用两块数字万用表，小组合作完成测量任务。

将两块数字万用表开关都拨至二极管挡，当第二块万用表红笔接集电极③脚，黑笔接发射极④脚时，由于输入端发光二极管无光电信号而不导通，万用表显示溢出符号“1”，如图 3-2-12 所示。

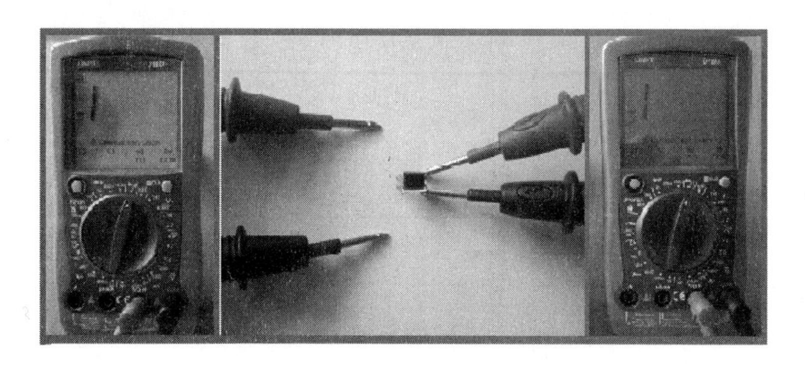

图 3-2-12　光电耦合器传输特性测量示意图(一)

只有当两块万用表同时测量，即第一块万用表万用表红笔接光耦的①脚，黑笔接光耦②脚时，二极管有光信号输出，光耦的③④脚才有输出，这时两块万用表都有数值显示，如图 3-2-13 所示，说明具有光传输特性。

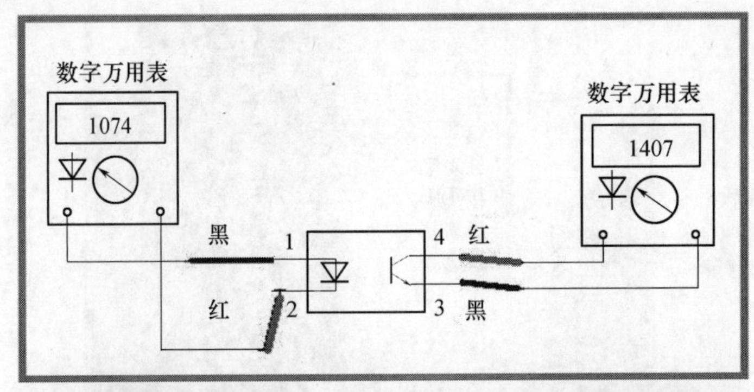

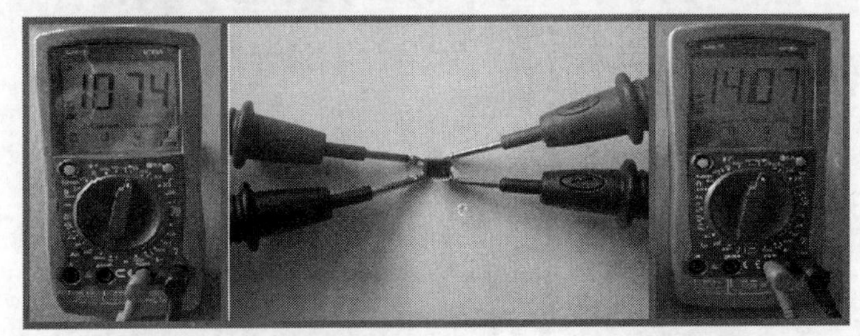

图 3-2-13　光电耦合器传输特性测量示意图(二)

注意：由于数字万用表表内多使用 9V 叠层电池，故给输入端二极管加电的时间不能过长，以免降低电池的使用寿命及测量精度，可采用断续接触法测量。

第四步：检测其它元器件

使用数字万用表，对套件中的电子元器件逐一进行好坏检测，检测参数如表 3-2-2 所列。

表 3-2-2　开关电源所需检测元器件清单

序号	元件名称	挡位选择	正常参数参考值
1	电阻	Ω 挡	1kΩ 以下的电阻误差在 5%以内，1kΩ 以上的误差值在 10%以内
2	电容	F 挡	误差值在 20%以内即可
3	二极管	二极管挡	正向阻值为 300～600Ω，反向阻值为无限大
4	三极管	Ω 挡	be、bc 之间的阻值为 300～600Ωce 之间的阻值为无限大
5	变压器	Ω 挡	好的变压器初次级线圈都会有一定的直流电阻，坏的则阻值为 0 或无穷大

任务二 组装开关电源

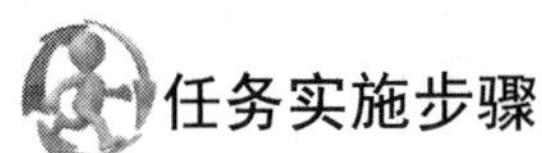

任务实施步骤

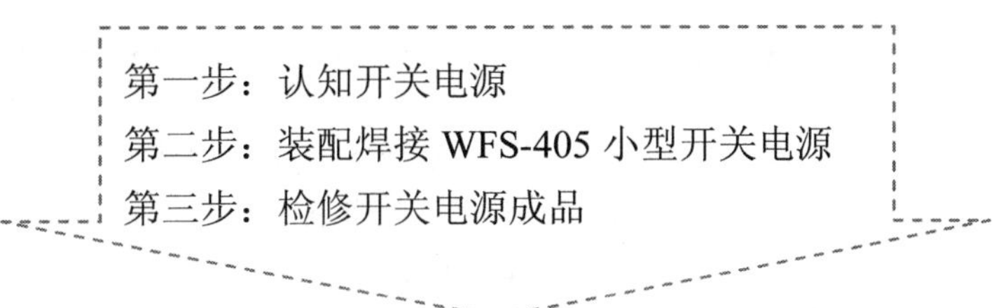

第一步：认知开关电源
第二步：装配焊接 WFS-405 小型开关电源
第三步：检修开关电源成品

第一步：认知开关电源

1．识读开关电源的电路方框图

开关电源的实质就是电源变换。采用半导体功率器件作为开关，将一种电源形态变换成另一种形态的电路，叫做开关变换器。在变换中，能自动稳定输出电压并有各种保护环节的电路，称为开关电源。如图 3-2-14 所示为开关电源电路组成方框图。

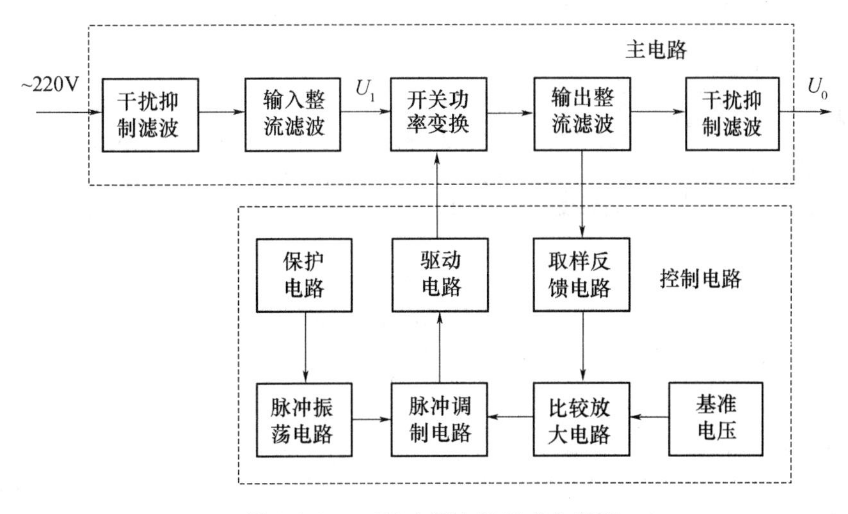

图 3-2-14　开关电源电路组成方框图

2．开关电源的基本工作原理

开关电源的工作过程是：当不稳定电压U_i输入时，S为受控开关(受开关脉冲控制的开关调整管)，若使开关S按要求改变导通或断开时间，就能把输入的直流电压U_i变成矩形脉冲电压，这个脉冲电压经平滑滤波后，就可得到稳定的直流输出电压U_o，如图 3-2-15所示。

3．WFS-405 小型开关电源工作过程

(1) 识读 WFS-405 小型开关电源电路原理图，如图 3-2-16 所示。

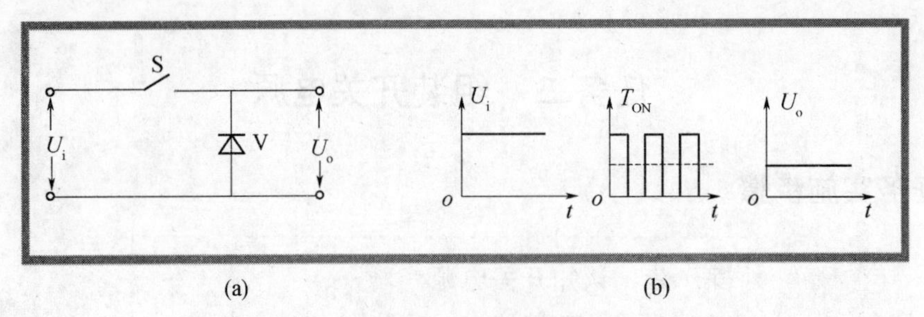

图 3-2-15　开关电源基本原理示意图及波形图

(a) 原理图；(b) 波形图。

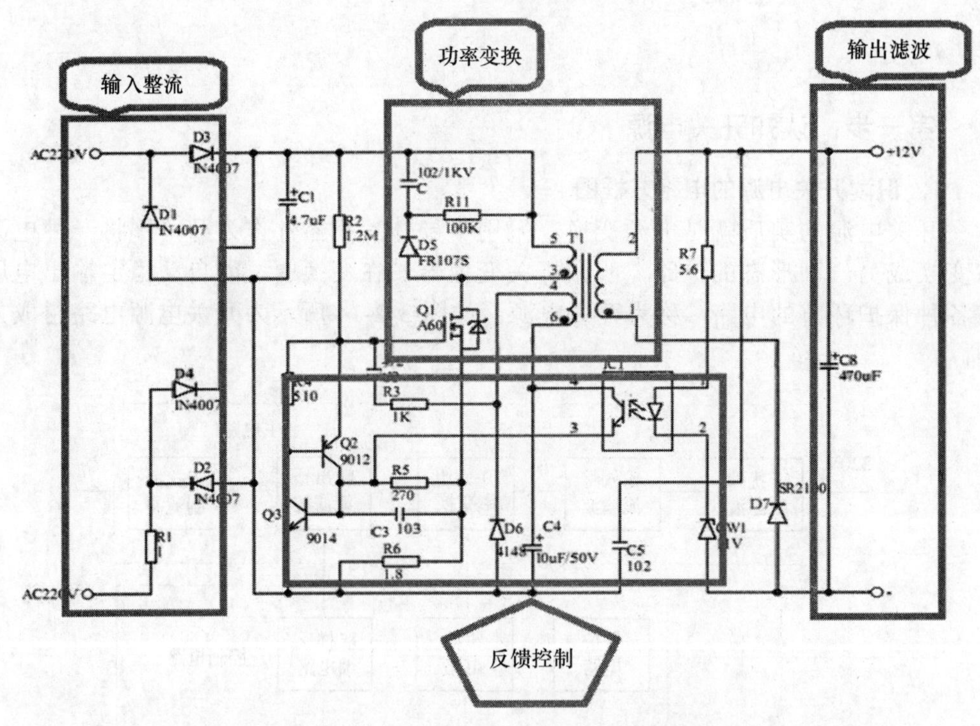

图 3-2-16　WFS-405 小型开关电源电路原理图

(2) WFS-405 小型开关电源工作过程。市电 220V 输入后，经 D1～D4 构成的电路进行全波整流，整流后的信号经 C_1 滤波后两端形成 300 多伏直流电压输出给后级电路。一路经 R_2 向场效应管 Q_1 控制极提供启动电流，另一路经开关变压器从 Q_1 的漏极流入，此电流经开关变压器耦合，经 R_3、C_2 向 Q_1 栅极形成正反馈，使 Q_1 快速导通，而当电流增加量减小时，又促使 Q_1 加速关断，从而形成自激振荡，产生高频开关信号，高频开关信号经变压器耦合后，在次级输出同频脉冲电压，经 D_7 整流、C_8 滤波输出直流电压。当输出电压增高时，经 R_7、IC_1，使 CW_1 击穿，经光电耦合器耦合后，使 IC_1 的 3、4 脚导通，C_4 两端电压使 Q_3 饱和导通，Q_1 被强制关断，从而限制输出电压的增高，这里 CW_1 选用了 11V 的稳压管，加上 IC_1、R_7 上的压降，使输出电压稳定在 12V 左右。而当负载加大、输出电压降低时，CW_1 上的电压低于其稳压值，电流减小，IC_1 关断，Q_2、Q_3 失去对 Q_1 的控制，其导通时间加长，使输出电压增高，从而达到稳压的目的。

第二步：装配焊接 WFS-405 小型开关电源

读者可参照图 3-2-17 所示的原理图，按线路板图 3-2-18 上指示的元件标号，将元器件清单中的元器件装配焊接在 PCB 板指定的位置，装配时注意元器件的引脚应与相应用通孔的正、负极相对应。

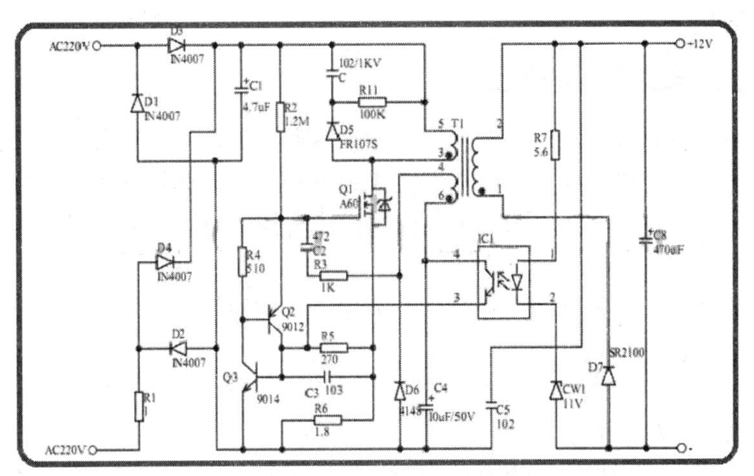

图 3-2-17　WFS-405 小型开关电源电路原理图

图 3-2-18　WFS-405 小型开关电源装配实物图

第三步：检修开关电源成品

(1) 直观检查：对装配好的 WFS-405 小型开关电源成品的外观、焊点、元件位置、引脚方向进行逐一检查核实，确保无虚焊、连焊、错焊，PCB 无损坏，元件置位准确。

(2) 成品静态检测：使用万用表对成品中的供电、信号和相关元器件进行静态电阻检测，确保供电线路、信号线路无断路和短路。

(3) 成品动态检测：将成品输入市电，观察开关电源板的工作状态是否有异常(切记不可用手触摸任何在线的电子元器件)，在状态无异常时，使用万用表直流电压挡检测输出电压是否达到套件设计要求。

第四步：成品故障维修

对无法正确实现电路功能的电路进行分析，并应用万用表、示波器对电路关键连接点进行电压和波形检测，以确定故障部位和故障元件，并进行修复。

知识拓展

第一部分：电源变换的类型

电源是变换电能的装置，各种电子仪器和设备所用的电，一般都需要经过变换才能符合使用要求，即需要将一种电能形态变换成另一种形态，如把交流电变换成直流电，把高电压变成低电压等。电源类型各种各样，电源变换的方式也多种多样，按基本变换方式可电源变换分为四大类。

(1) AC/DC 变换。指把交流电变换为直流电，并稳定输出电压，这是各种电子产品和仪器设备中应用最多的类型。

(2) DC/DC 变换。指改变直流电的电压或极性，又称为直流变换，它通常应用在便携式的电子产品和仪器设备中。

(3) DC/AC 变换。指把直流电变换为交流电，又称为逆变，它通常应用在直流供电而又需要交流电的电子设备中。

(4) AC/AC 变换。指改变交流电的电压或频率，又称为交流变换，它通常应用在对交流电进行变压或变频的场合。

第二部分：场效应管的知识

1. 场效应管的作用

(1) 场效应管可用于放大。由于场效应管放大器的输入阻抗很高，因此耦合电容可以容量较小，不必使用电解电容器。

(2) 场效应管很高的输入阻抗非常适合阻抗变换，因此常用于多级放大器输入级的阻抗变换。

(3) 场效应管可以用做可变电阻。

(4) 场效应管可以方便地用做恒流源。

(5) 场效应管可以用做电子开关。

2. 场效应管的使用优势

场效应管是电压控制元件，而晶体管是电流控制元件。在只允许从信号源取较少电流的情况下，应选用场效应管；而在信号电压较低，又允许从信号源取较多电流的条件下，应选用晶体管。

3. 场效应管的型号命名方法

场效应管有两种命名方法。

第一种命名方法与双极型三极管相同：第三位字母，J 代表结型场效应管，O 代表绝缘栅场效应管；第二位字母代表材料，D 是 P 型硅 N 沟道，C 是 N 型硅 P 沟道。例如，3DJ6D 是结型 P 沟道场效应三极管，3DO6C 是绝缘栅型 N 沟道场效应三极管。

第二种命名方法是CS××#：CS代表场效应管；××为数字，代表型号的序号；#为字母，代表同一型号中的不同规格。例如CS14A、CS45G等。

4．结型场效应管简介

1) 特点及分类

结型场效应管由两个PN结和一个导电沟道所组成。三个电极分别为源极S、漏极D和栅极G。漏极和源极具有互换性。结型场效应管分为如图3-2-19所示的N沟道结型场效应管和如图3-2-20所示的P沟道。

2) 工作条件

结型场效应管的工作条件是两个PN结加反向电压。

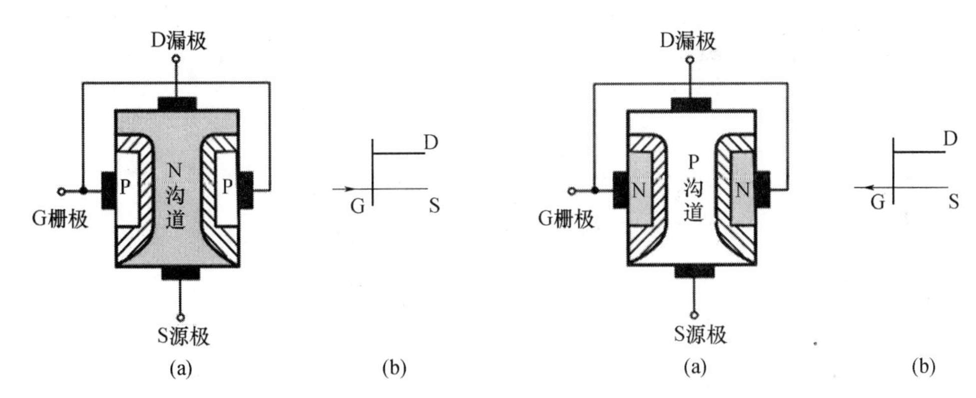

图3-2-19　N沟道结型场效应管

(a) 结构；(b) 符号。

图3-2-20　P沟道结型场效应管

(a) 结构；(b) 符号。

3) 工作原理

以N沟道结型场效应管为例，其原理电路如图3-2-21所示，工作原理为：在漏源电压V_{DS}不变的条件下，改变栅源电压V_{GS}，通过PN结的变化，控制沟道宽窄，即控制沟道电阻的大小，从而控制漏极电流I_D。

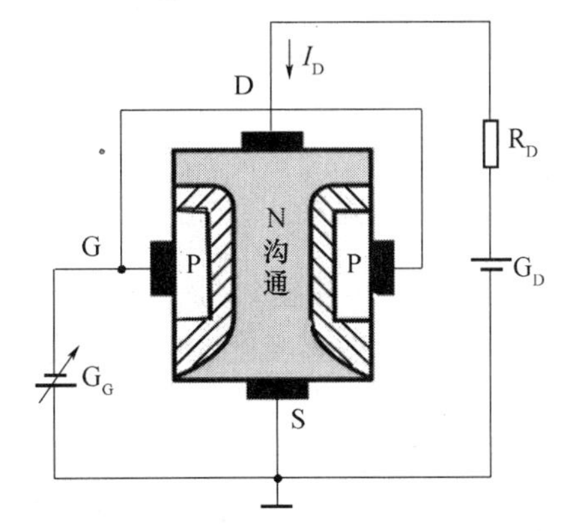

图3-2-21　N沟道结型场效应管原理电路图

5．绝缘栅场效应管(MOS管)简介

1) 特点

绝缘栅场效应管是一种栅极与源极、漏极之间有绝缘层的场效应管，简称MOS管。

MOS 管具有输入电阻高、噪声小的特性。

2) 分类

有 P 沟道和 N 沟道两种类型；每种类型又分为增强型和耗尽型两种。

(1) N 沟道增强型绝缘栅场效应管。其结构如图 3-2-22 所示。

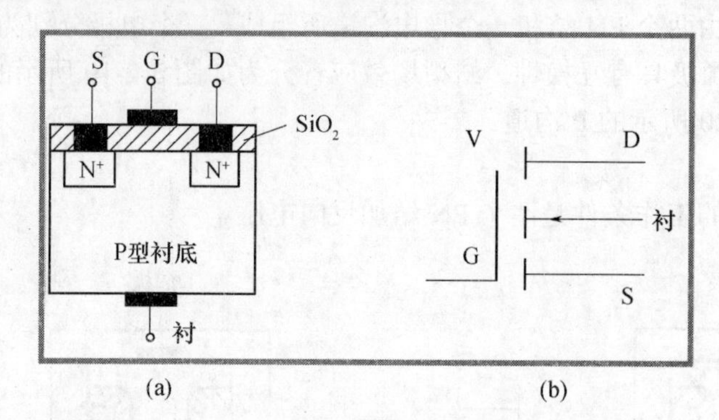

图 3-2-22 N 沟道增强型绝缘栅场效应管的结构

(a) 结构；(b) 符号。

N 沟道增强型绝缘栅场效应管的工作原理如图 3-2-23 所示。

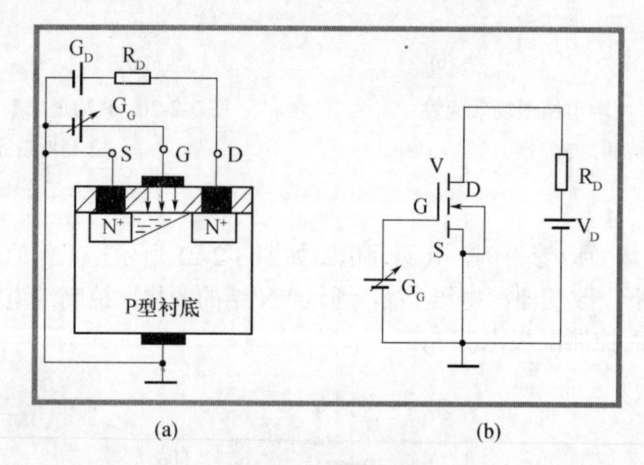

图 3-2-23 N 沟道增强型绝缘栅场效应管的结构

(a) 示意图；(b) 电路图。

① 当 V_{GS}=0，在漏、源极间加一正向电压 V_{DS} 时，漏源极之间的电流 $I_D = 0$。

② 当 $V_{GS} > 0$ 时，在绝缘层和衬底之间感应出一个反型层，使漏极和源极之间产生导电沟道。在漏、源极间加一正向电压 V_{DS} 时，将产生电流 I_D。若 V_{GS} 逐渐增大，导电沟道变宽，I_D 也随之逐渐增大，即 V_{GS} 控制 I_D 的变化。

(2) N 沟道耗尽型绝缘栅场效应管。其结构如图 3-2-23 所示。

① 特点：管子本身已形成导电沟道。

② 工作原理：在 $V_{DS} > 0$ 时，若 $V_{GS} = 0$，导电沟道有电流 I_D；当 V_{GS}>0，并逐渐增大时，导致沟道变宽，使 I_D 增大；当 $V_{GS} < 0$，并逐渐增大此负电压时，导致沟道变窄，使 I_D 减小，从而实现 V_{GS} 对 I_D 的控制。

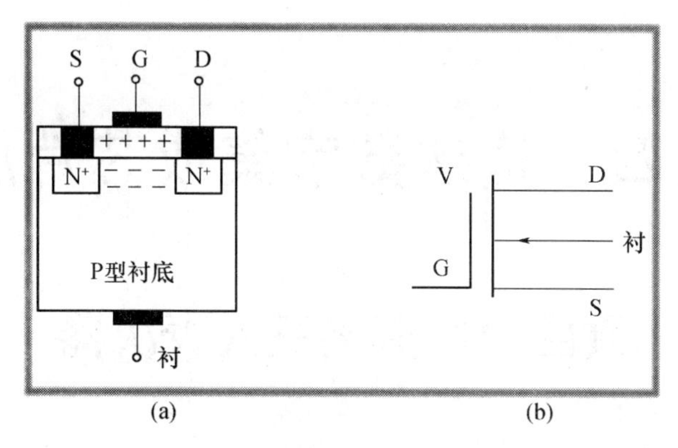

(a)　　(b)

图 3-2-23　N 沟道耗尽型绝缘栅场效应管的结构图

(a) 结构；(b) 符号。

学习单元四　搭建数字集成芯片应用电路

项目一　搭接三人表决器

项目描述

大家是否看过“中国达人秀” 电视节目？是否注意到了三个评委的表决方式？评委使用的设备叫做桌面表决器，本项目的目标就是搭接一个三人表决器电路。

从这个项目开始，我们将走进一个新的知识领域——数字电路知识。在电子技术高速发展的今天，数字电路应用已经深入到了我们生活的方方面面，你使用的手机、计算机、数码相机等设备就是以数字集成电路为基础的，通过完成本项目学习任务，对数字电路的基本概念、基本元器件及元件搭接方式有一个深入的了解和认识。

【项目目标】

(1) 了解数字电路的基本概念和数制的基本知识。

(2) 掌握基本门电路的类型、符号、逻辑关系，引脚定义及基本连接。

(3) 了解小型数字电子设备的组装、测试及故障检测流程。

(4) 能正确连接和测试三人表决器。

(5) 会使用万用表进行数字产品波形测试和故障检修。

任务一　了解数字电路的基本知识

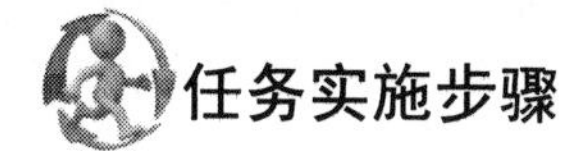

第一步：熟悉数字电路的特点
第二步：学习数制的知识
第三步：了解基本逻辑门电路
第四步：了解组合逻辑门电路

第一步：熟悉数字电路的特点

数字电路是相对模拟电路提出的概念，又称为数字逻辑电路。

数字技术(Digital Technology)是一项与电子计算机相伴相生的科学技术，它是指借助一定的设备将各种信息，包括图、文、声、像等，转化为电子计算机能识别的二进制数字“0”和“1”，再进行运算、加工、存储、传送、传播、还原的技术。由于计算机只处理“0”和“1”两个数码，所以数字技术也称为数码技术、计算机数字技术等。

数字电路的发展与器件的改进密切相关，经历了由电子管、半导体分立器件到集成电路等几个时代，集成电路的出现促进了数字电路的发展，集成电路从小规模逻辑器件发展到中规模、大规模逻辑器件。

逻辑门是数字电路中一种重要的逻辑单元电路。

1．数字信号和数字电路

(1) 数字信号。指在数值上和时间上不连续变化的信号。

数字信号只用两个数码“0”和“1”表示，如果是正逻辑，则“0”“1”表示有信号，如图 4-1-1 所示。

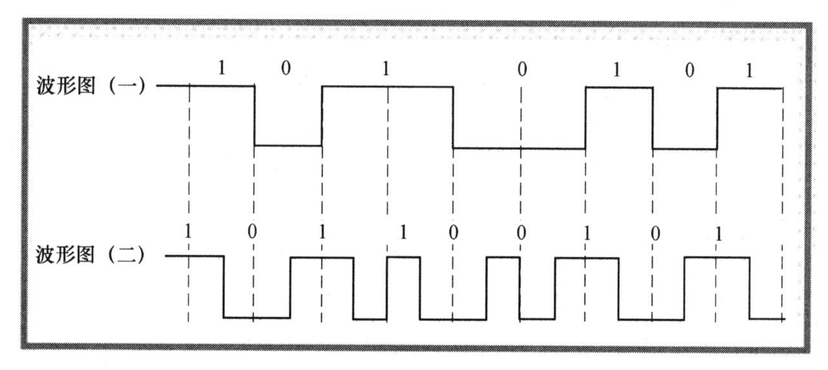

图 4-1-1　数字电路信号波形图

(2) 数字电路。指处理数字信号的电路。

数字电路是对“0”和“1”两个数码进行逻辑运算、加工、存储、传送、传播、还原的电路。

2．数字电路的特点

(1) 数字电路中工作的半导体管多数工作在开关状态，时而导通，时而截止。

(2) 数字电路的研究对象是电路的输入与输出之间的逻辑关系。

(3) 数字电路的分析工具是逻辑代数。

(4) 表达数字电路的功能主要用真值表、逻辑函数表达式及波形图等。

第二步：学习数制的知识

1．数制和编码

1) 二进制数的特点

二进制数据是用“0”和“1”两个数码表示的数。它的基数为 2，进位规则是“逢二进一”，借位规则是“借一当二”。

表示方式：二进制数后加一个字母 B 或下标 2，如 1011 B、10000010_2 等。

2) 十六进制

十六进制是每逢 16 向高位进 1，十六进制引用了字母 A、B、C、D、E、F 来代表 10、11、12、13、14、15。

表示方式：十六进制后加一个字母 H 或下标 16 如 3FH。

3) BCD 码

BCD 码是二进制码的十进制数，是用二进制数表示十进制数的一种方式。

把十进制数转换成 BCD 码时，分别对不同位上的数字进行独立转换后进行组合即可，如十进制数 18 表示为 BCD 码即为两组二进制数，即 0001　1000。

8421 码是 BCD 代码中最常用的一种。在这种编码方式中每一位二值代码的 1 都是代表一个固定数值，把每一位的 1 代表的十进制数加起来，得到的结果就是它所代表的十进制数码。由于代码中从左到右每一位的 1 分别表示 8，4，2，1，所以把这种代码叫做 8421 代码。每一位的 1 代表的十进制数称为这一位的权。8421 码中的每一位的权是固定不变的，它属于恒权代码。

2．几种常用数制的换算

(1) 练习几种数制的换算，如表 4-1-1 所列。

表 4-1-1　几种常用数制的换算比照表

十进制数	二进制数	十六进制数	BCD 码(8421 码)
0	0000	0	0000
1	0001	1	0001
2	0010	2	0010
3	0011	3	0011
4	0100	4	0100
5	0101	5	0101
6	0110	6	0110
7	0111	7	0111

(续)

十进制数	二进制数	十六进制数	BCD 码(8421 码)
8	1000	8	1000
9	1001	9	1001
10	1010	A	0001 0000
11	1011	B	0001 0001
12	1100	C	0001 0010
13	1101	D	0001 0011
14	1110	E	0001 0100
15	1111	F	0001 0101
16	0001 0000	10	0001 0110
17	0001 0001	11	0001 0111
18	0001 0010	12	0001 1000

(2) 字模与编码。公共汽车上或户外大型的 LED 屏幕以及手机、计算机等数码产品的液晶显示屏所显示的图形、文字都是通过点阵实现的。如果将这些点阵放大，就会清楚地看到每一个点。如图 4-1-2 所示就是液晶屏幕上的“你”及其每一格的电平代码信息以及可以看到的字模显示信息的关系。

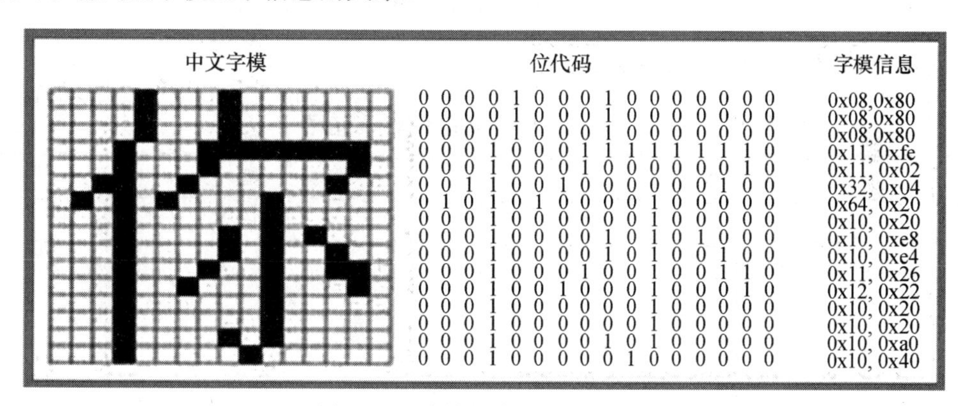

图 4-1-2　字模与编码关系示意图

第三步：了解基本逻辑门电路

逻辑门电路简称门电路，门电路本质上是具有一个或多个输入端和一个输出端的开关电路。这些电路就像“门”一样，依照一定的条件进行“开”或“关”，由于要求条件的不同，我们定义了几种不同类型的门电路，基中最基本的门电路有与门、或门和非门三种,它们是组成复杂数字电路的基本单元。

1．与门电路

逻辑功能：“有 0 出 0，全 1 出 1”。

逻辑函数式：Y=A×B。

逻辑符号：如图 4-1-3 所示。

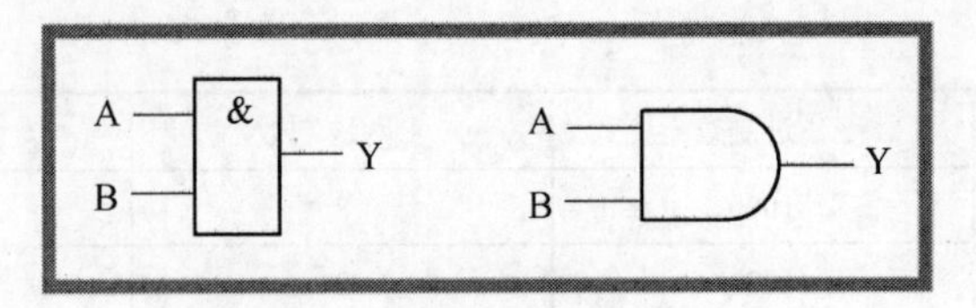

图 4-1-3　与门电路逻辑符号

等效电路：如图 4-1-4 所示。

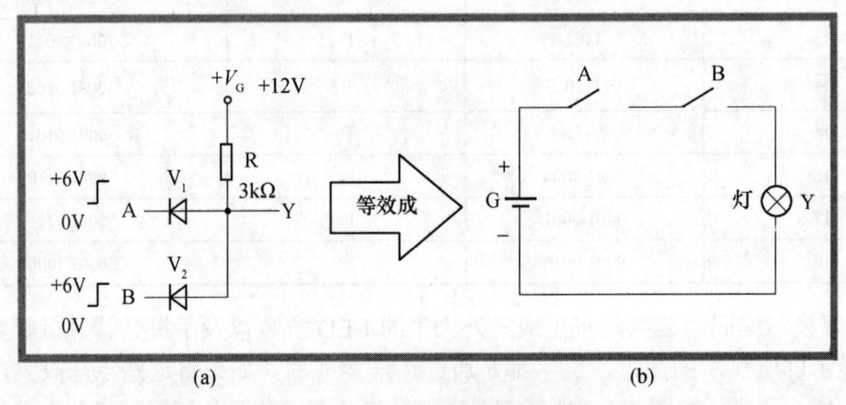

图 4-1-4　与门电路结构和等效电路

(a) 与门电路；(b) 与门等效电路。

逻辑真值表：如表 4-1-2 所列。

表 4-1-2　与门电路逻辑真值表

输　入		输　出
A	B	Y
0	0	0
0	1	0
1	0	0
1	1	1

芯片介绍：如图 4-1-5 所示。

图 4-1-5　与门电路芯片及管脚排列图

2. 或门电路

逻辑功能："全 0 出 0，有 1 出 1"。

逻辑函数式：Y=A+B。

逻辑符号：如图 4-1-6 所示。

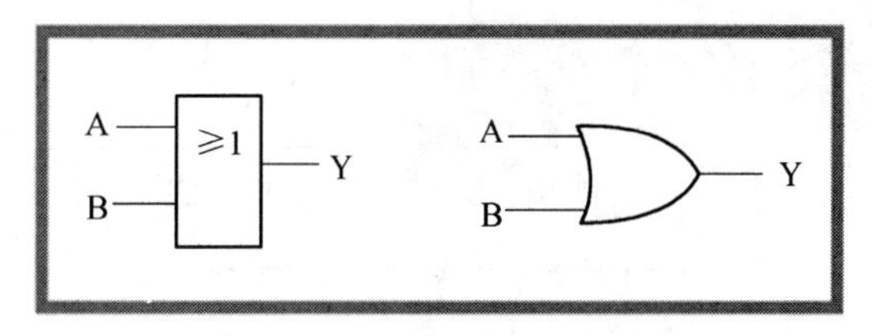

图 4-1-6　或门电路逻辑符号

等效电路：如图 4-1-7 所示。

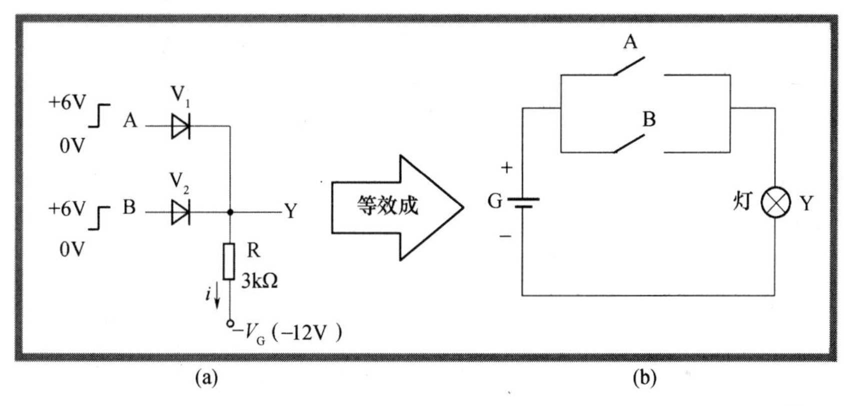

(a)　(b)

图 4-1-7　或门电路结构和等效电路

(a) 或门电路；(b) 或门等效电路。

逻辑真值表：如表 4-1-3 所列。

表 4-1-3　或门电路逻辑真值表

输　入		输　出
A	B	Y
0	0	0
0	1	1
1	0	1
1	1	1

芯片介绍：如图 4-1-8 所示。

3. 非门电路

逻辑功能：有 0 出 1，有 1 出 0。

逻辑函数式：$Y=\overline{A}$。

逻辑符号：如图 4-1-9 所示。

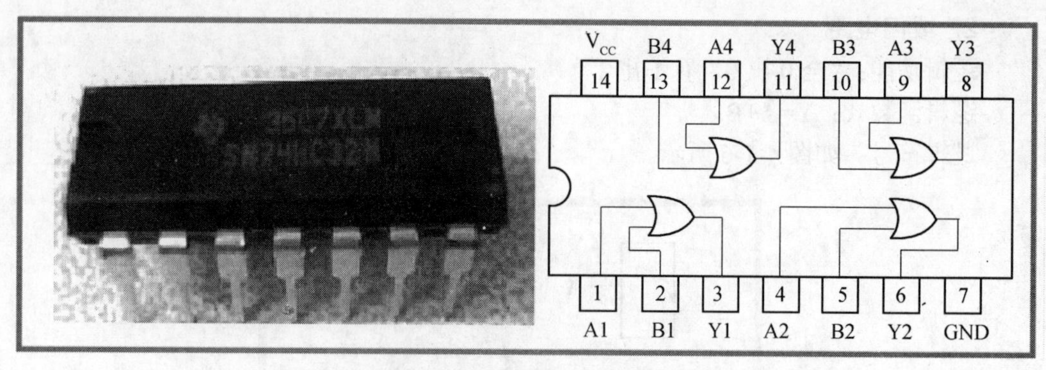

图 4-1-8　或门电路芯片及管脚排列图

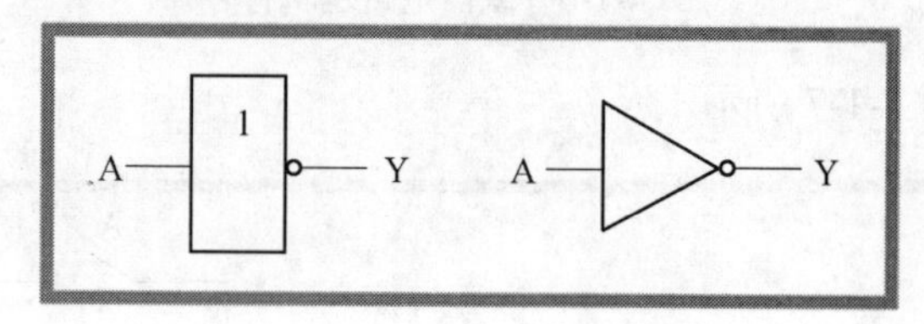

图 4-1-9　非门电路逻辑符号

等效电路：如图 4-1-10 所示。

逻辑真值表：如表 4-1-4 所列。

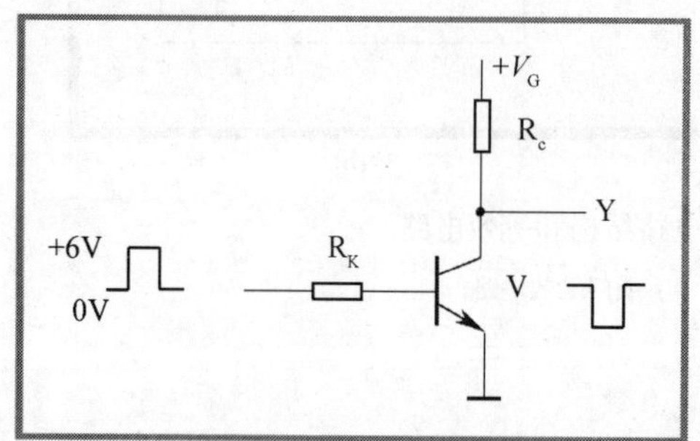

图 4-1-10　非门电路结构

表 4-1-4　非门电路逻辑真值表

输　入	输　出
A	Y
0	1
1	0

芯片介绍：如图 4-1-11 所示。

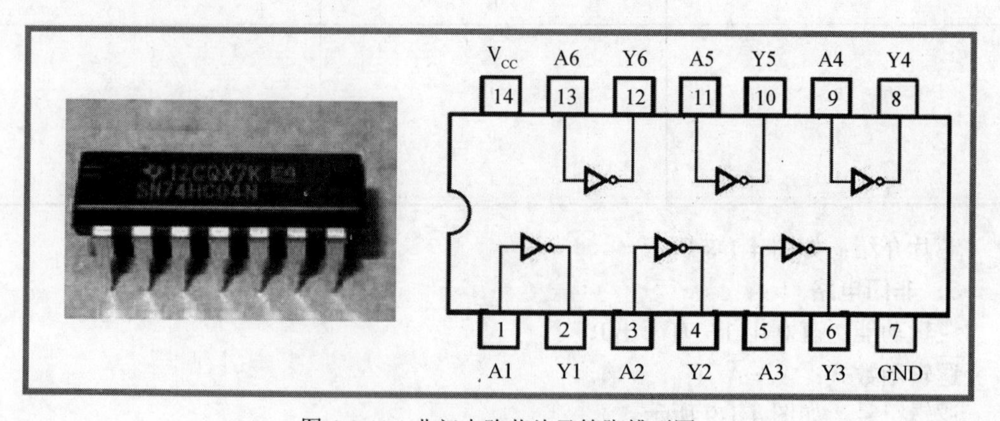

图 4-1-11　非门电路芯片及管脚排列图

第四步：了解组合逻辑门电路

组合逻辑门电路是由两个或多个基本门电路组合而成的一种门电路，常见的有与非门、或非门、同或门、异或门等。

1. 与非门电路

逻辑功能：“全 1 出 0，有 0 出 1”。

逻辑函数式：$Y=\overline{A \cdot B}$。

逻辑符号：如图 4-1-12 所示。

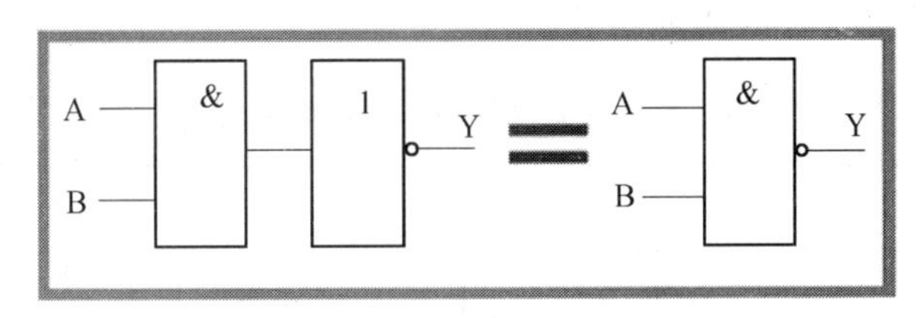

图 4-1-12　与非门电路逻辑符号

逻辑真值表：如表 4-1-5 所列。

表 4-1-5　与非门电路逻辑真值表

输入		输出	
A	B	A • B	Y
0	0	0	1
0	1	0	1
1	0	0	1
1	1	1	0

芯片介绍：如图 4-1-13 所示。

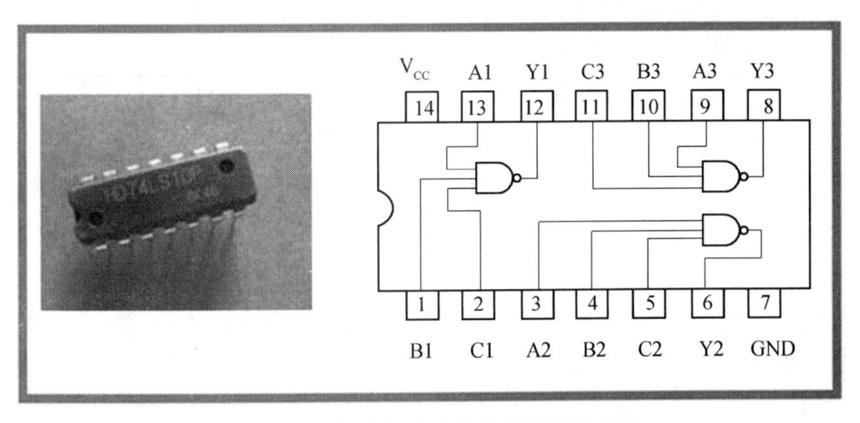

图 4-1-13　与非门电路芯片及管脚排列图

2. 或非门电路

逻辑功能：“全 0 出 1，有 1 出 0”。

逻辑函数式：$Y = \overline{A+B}$。

逻辑符号：如图 4-1-14 所示。

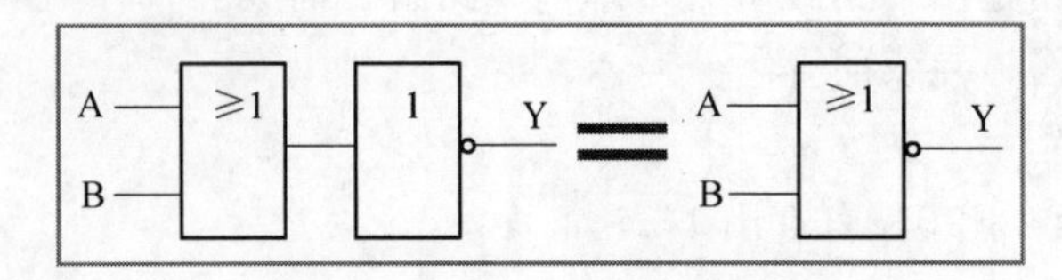

图 4-1-14　或非门电路逻辑符号

逻辑真值表：如表 4-1-6 所列。

表 4-1-6　或非门电路逻辑真值表

输入		输出	
A	B	A+B	Y
0	0	0	1
0	1	1	0
1	0	1	0
1	1	1	0

芯片介绍：如图 4-1-15 所示。

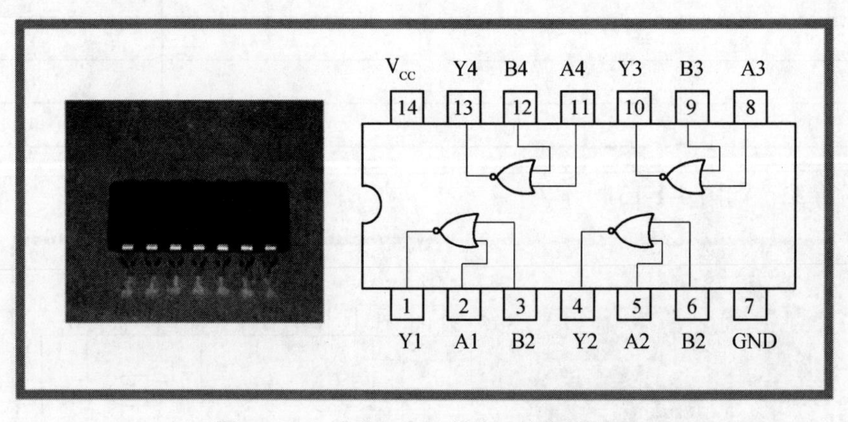

图 4-1-15　或非门电路芯片及管脚排列图

3. 异或门电路

逻辑功能：当两个输入端的状态相同(都为 0 或都为 1)时，输出为 0；当两个输入端状态不同(一个 0 一个 1)时，输出为 1。

逻辑函数式：$Y = A \oplus B$。

逻辑符号：如图 4-1-16 所示。

逻辑真值表：如表 4-1-7 所列。

芯片介绍：如图 4-1-17 所示。

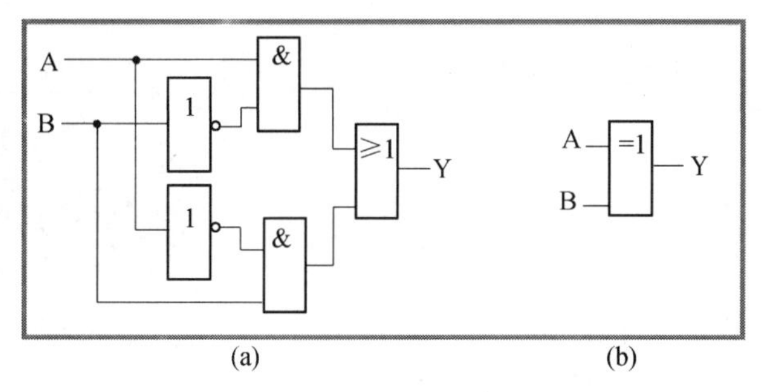

图 4-1-16　异或门电路逻辑图及逻辑符号

(a) 逻辑图；(b) 逻辑符号。

表 4-1-7　异或门电路逻辑真值表

输入		输出
A	B	Y
0	0	0
0	1	1
1	0	1
1	1	0

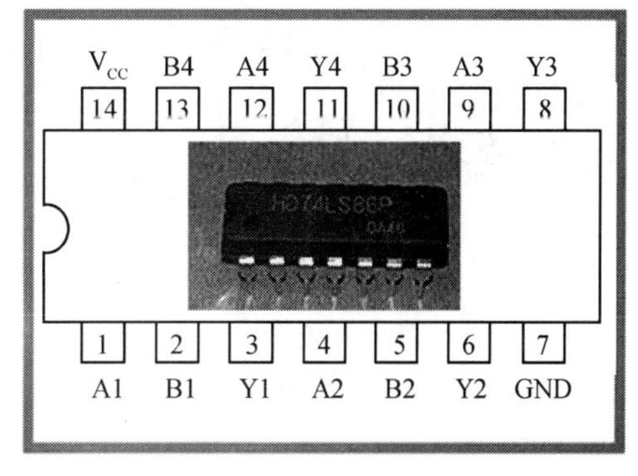

图 4-1-17　异或门电路芯片及管脚排列图

4．同或门

逻辑功能：当两个输入端的状态相同(都为 0 或都为 1)时，输出为 1；当两个输入端状态不同(一个 0 一个 1)时，输出为 0。

逻辑函数式：$Y=A\odot B$。

逻辑符号：如图 4-1-18 所示。

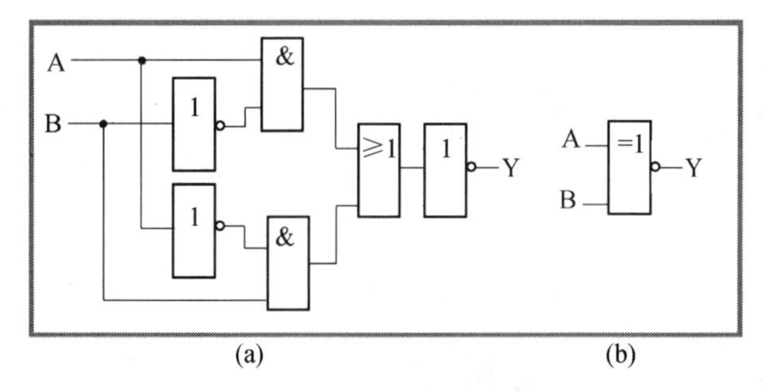

图 4-1-18　同或门电路逻辑图及逻辑符号

(a) 逻辑图；(b) 逻辑符号。

逻辑真值表：如表 4-1-8 所列。

芯片介绍：如图 4-1-19 所示。

表 4-1-8　同或门电路逻辑真值表

输入		输出
A	B	Y
0	0	1
0	1	0
1	0	0
1	1	1

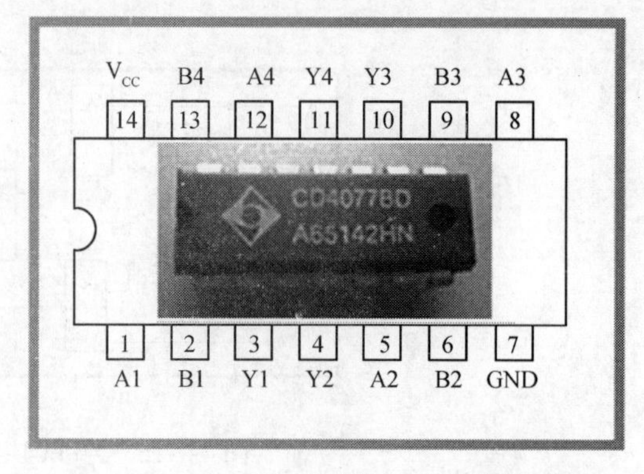

图 4-1-19　同或门电路芯片及管脚排列图

任务二　搭接三人表决器电路

任务实施步骤

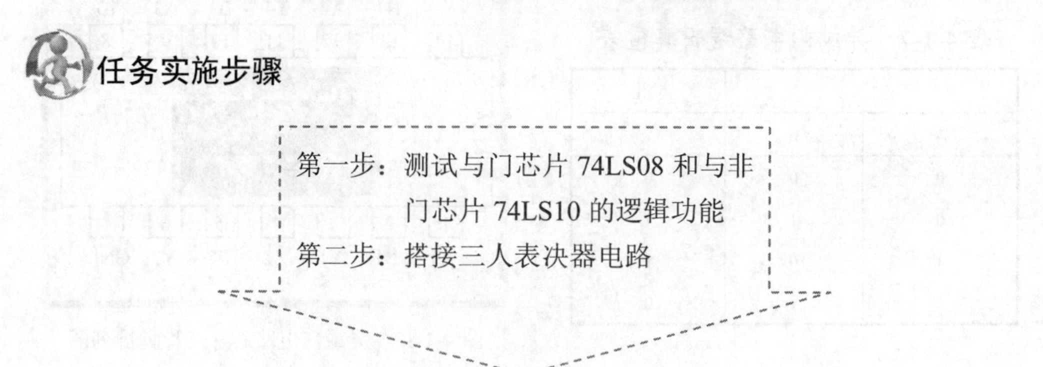

数字 IC 分类

按集成度分：小规模 IC、中规模 IC、大规模 IC 和超大规模 IC。

按器件分：双极型 IC、单极型 IC。

常见芯片：如图 4-1-20 所示。

图 4-1-20　部分常见芯片封装图

第一步：测试与门芯片 74LS08 和或门芯片 74LS10 的逻辑功能

1. 学习使用数字电路实验箱

1) 认知数字电路实验箱

DICE-D8Ⅱ型数字电路学习机产品说明

DICE-D8Ⅱ型数字电路学习机如图 4-1-21 所示。主机提供了多种信号源，正面印刷字符连线，反面安装元器件，所有信号源频率计等电路全部由 CPLD 芯片和双面板构成，所有器件均选用优质产品，使用方便、耐用，可方便完成数字电路各类实验。

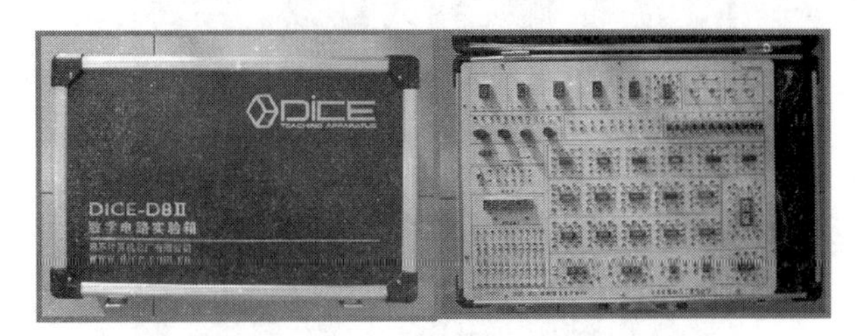

图 4-1-21　数字电路实验箱实物图

数字电路实验箱的主要构成说明如图 4-1-22 所示。

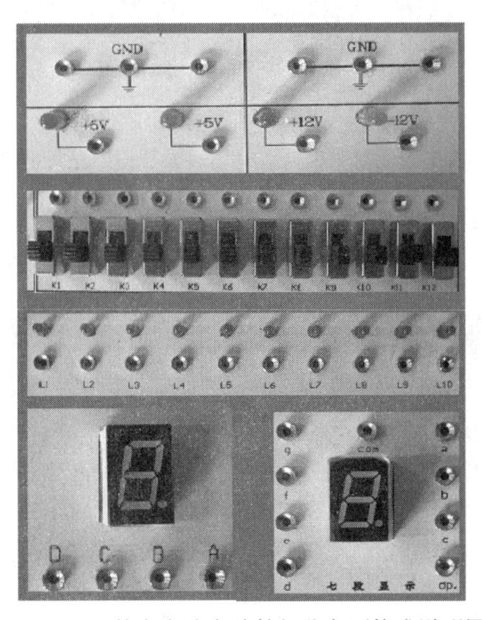

图 4-1-22　数字电路实验箱部分主要构成说明图

(1) 电源部分。

交流输入：220V±10%，50Hz。

直流输出：5V/2A，±12V/200mA。

接地端：GND。

(2) 逻辑电平开关部分。12 位独立逻辑电平开关 K1～K12，可以为电路提供“0”“1”电平(为正逻辑)。

(3) 逻辑电平显示部分。10 位 LED 逻辑电平显示 L1～L10，可以显示电路输出电平，“0”灭、“1”亮电平。

(4) 数码管显示部分。左边由七段 LED 数码管组成 4 位 BCD 码译码显示电路；右边为 1 位七段 LED 数码管，引脚 a～g 全部引出，用于数码管实验。

(5) 芯片插座部分。面板上共有 8 芯、14 芯、16 芯、20 芯、28 芯等圆孔插座 23 只，可满足各种 IC 芯片的测试及电路搭接，如图 4-1-23 所示。

图 4-1-23 数字电路实验箱面板芯片插座实物图

(6) 自锁插头导线。数字电路实验箱配置的导线是一种有自锁功能的导线，在插拔时通过角度的调整，可以实现与芯片管脚插孔的紧固连接，防止导线脱落，如图 4-1-24 所示。

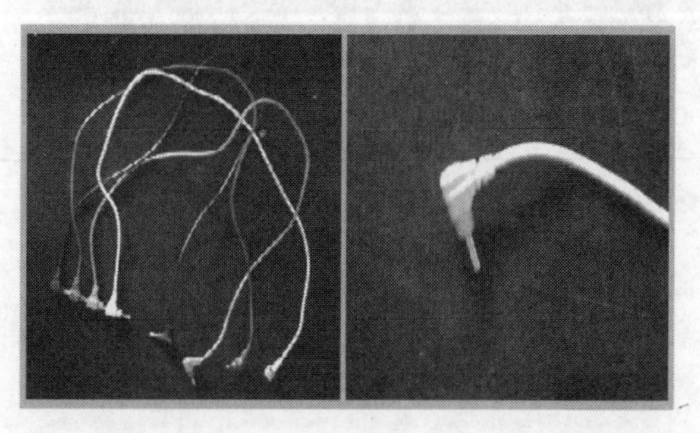

图 4-1-24 数字电路实验箱电路连接线实物图

(7) 其他部分简介。

① 手动单脉冲电路。

② 连续脉冲输出。

③ 固定频率脉冲源：1Hz、1kHz、10kHz、100kHz、1MHz。

④ 六位高精度数字频率计。

⑤ 时序发生器及启停控制电路。

⑥ 各阻值电位器 4 只。

⑦ 常用规格电阻电容 30 只。

2) 数字电路实验箱使用注意事项

(1) 切忌直接用手随意插拔芯片，要使用专用工具。

(2) 在实验过程中时切忌带电连接或拆解线路。

(3) 要垂直插拔自锁导线，用手捏住插头部分左右调整角度，感觉插头自然松开时插拔，切忌直接拉扯导线。

(4) 电路连接完成后，经老师检查无误后再通电测试。

(5) 若出现芯片发烫、数码管显示不稳、闪烁等，应立即断电，然后报告老师，切忌无视异常现象继续操作。

2．测试与门芯片 74LS08 的逻辑功能

1) 识读芯片 74LS08 的引脚

74LS08 全称为“四二输入与门”，其芯片内部集成了 4 个独立的与门电路，每个与门电路有 2 个输入端。

2) 74LS08 的内部结构

其内部结构如图 4-1-25 所示，引脚说明如下：

V_{cc}：芯片供电引脚。

GND：芯片接地脚。

A1～A4、B1～B4：4 个与门输入引脚。

Y1～Y4：4 个与门的输出引脚。

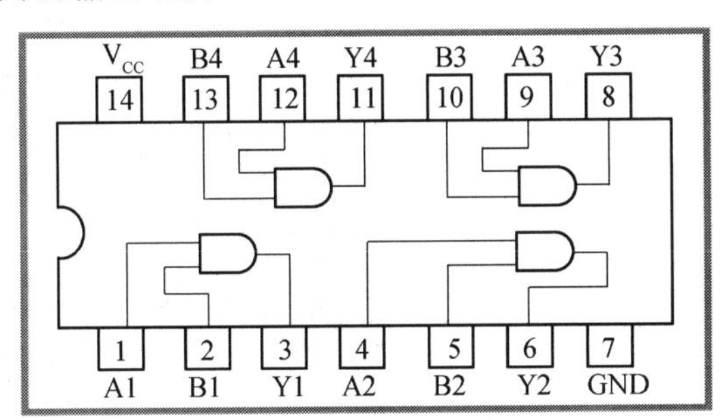

图 4-1-25　74LS08 集成电路内部结构及引脚定义图

3) 74LS08 中一个与门电路的真值表

利用 74LS08 芯片及数字电路试验箱，动手搭接一组与门电路来验证其逻辑功能，并列出相应的真值表，如表 4-1-9 所列。

表 4-1-9　两输入与门电路真值表

输入 A	输入 B	输出 Y
0	0	0
0	1	0
1	0	0
1	1	1

4) 连接测试电路

根据芯片的管脚数量(图 4-1-26)，选择数字电路实验箱芯片插座，将芯片安装好，按照图 4-1-27 所列步骤完成接线，测试 74LS08 是否符合与门逻辑功能。

图 4-1-26　与门电路芯片及管脚排列图

连接芯片电源：芯片⑭脚接实验箱+5V 插孔；
芯片⑦脚接实验箱 GND 插孔

连接输入信号：芯片①②脚接实验箱逻辑电平开关插孔

连接输出显示端：芯片③脚接实验箱逻辑电平显示插孔

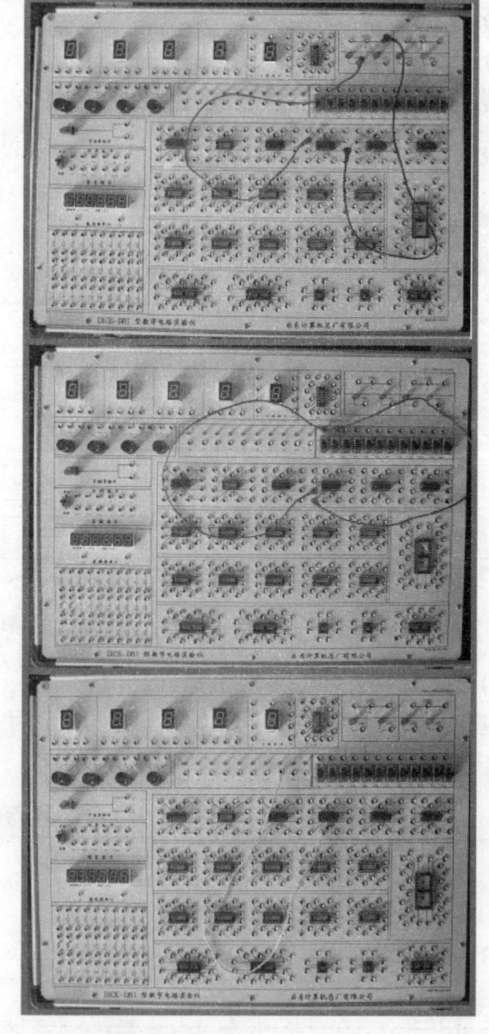

图 4-1-27　测试与门芯片 74LS08 电路连接图

5) 测试芯片功能并记录输出状态

按照图 4-1-27 所示芯片逻辑功能测试步骤，逐一完成芯片内各个门电路功能测试，如表 4-1-10 所列。

表 4-1-10　74LS08 逻辑功能测试表

门电路编号	1			2			3			4		
测试过程	输入		输出	输入		输出	输入		输出	输入		输出
	A1	B1	Y1	A2	B2	Y2	A3	B3	Y3	A4	B4	Y4
	0	0		0	0		0	0		0	0	
	0	1		0	1		0	1		0	1	
	1	0		1	0		1	0		1	0	
	1	1		1	1		1	1		1	1	
测试结果	符合□	不符合□		符合□	不符合□		符合□	不符合□		符合□	不符合□	

3．测试与非门芯片 74LS10 的逻辑功能

1) 识读芯片 74LS10 的引脚

74LS10 全称为“三门三输入与非门电路 74LS10P”。74LS10P 芯片内部集成了三个独立的与非门电路，如图 4-1-28 所示。1、2、13 脚，3、4、5 脚，9、10、11 脚，为三组输入引脚； 12、6、8 脚为三个与非门输出引脚；V_{CC} 为供电引脚；GND 为接地脚。

2) 74LS10 其内部结构及引脚说明

V_{CC}：芯片供电引脚。

GND：芯片接地脚。

A1～A3、B1～B3、C1～C3：三个与非门输入引脚。

Y1～Y3：三个与非门的输出引脚。

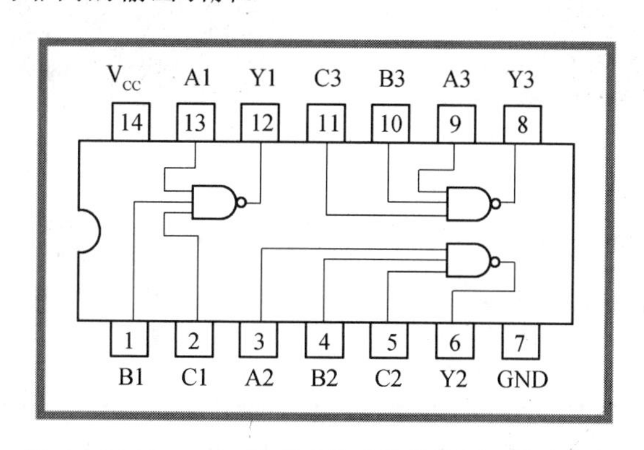

图 4-1-28　74LS10 集成电路内部结构及引脚定义图

3) 74LS10 中一个与非门电路的真值表。

表 4-1-11 所列为该芯片的一组与非门的部分真值表信息。

表 4-1-11　74LS10 逻辑真值表

A	B	C	Y
0	0	0	1
0	1	0	1
1	0	0	1
1	1	1	0

4) 连接测试电路

根据芯片的管脚数量(图 4-1-29)，选择数字电路实验箱芯片插座，将芯片安装好，按照图 4-1-30 所示的连接方式及连接步骤完成接线，测试 74LS10 是否符合与门逻辑功能。

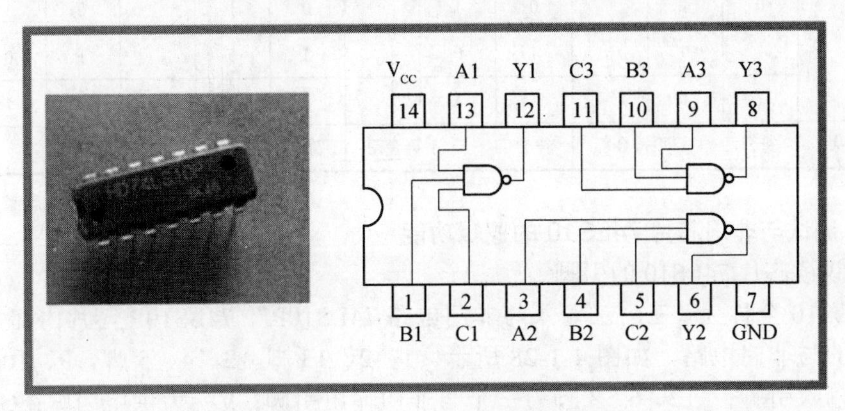

图 4-1-29　与非门电路芯片及管脚排列图

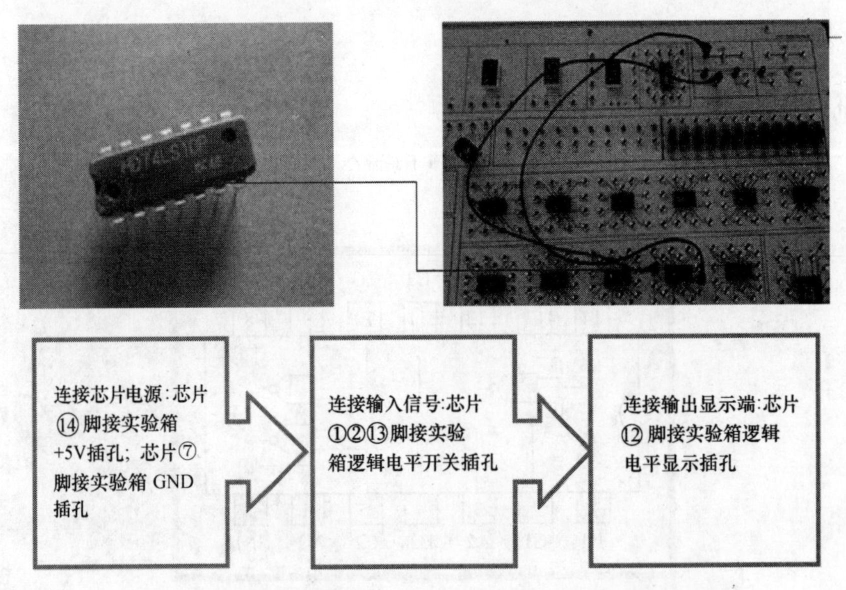

图 4-1-30　测试与非门芯片 74LS10 电路连接图及连接步骤

5) 测试芯片功能并记录输出状态

按照图 4-1-30 所示芯片逻辑功能测试步骤，逐一完成芯片内各个门电路功能测试，如表 4-1-12 所列。

表 4-1-12　74LS10 逻辑功能测试表

门电路编号	1				2				3			
测试过程	输入			输出	输入			输出	输入			输出
	A1	B1	C1	Y1	A2	B2	C2	Y2	A3	B3	C3	Y3
	0	0	0		0	0	0		0	0	0	
	0	0	1		0	0	1		0	0	1	
	0	1	0		0	1	0		0	1	0	
	0	1	1		0	1	1		0	1	1	
	1	0	0		1	0	0		1	0	0	
	1	0	1		1	0	1		1	0	1	
	1	1	0		1	1	0		1	1	0	
	1	1	1		1	1	1		1	1	1	
测试结果	符合□　不符合□				符合□　不符合□				符合□　不符合□			

第二步：搭接三人表决器电路

1. 三人表决器电路功能说明

某举重馆需设计制作一个裁判判定装置，其要求是：

(1) 三名裁判各有一个表决器的按钮。

(2) 三人中多数人判定运动员举重成功，结果才有效。

(3) 指示灯亮为有效，指示灯不亮为无效。

2. 设计电路逻辑真值表

将图4-1-31(a)中的信息按照“错叉、淘汰为0”“对勾、晋级为1”的要求转化，并列出新的表格，如图4-1-31(b)所示。

评委1	评委2	评委3	表决结果
×	×	×	淘汰
×	×	√	淘汰
×	√	×	淘汰
×	√	√	晋级
√	×	×	淘汰
√	×	√	晋级
√	√	×	晋级
√	√	√	晋级

A	B	C	Y
0	0	0	0
0	0	1	0
0	1	0	0
0	1	1	1
1	0	0	0
1	0	1	1
1	1	0	1
1	1	1	1

图 4-1-31　逻辑真值信息转化

3. 识读三人表决器电路原理图

1) 三人表决器电路原理图

图 4-1-32 所示为利用 74LS08、74LS10 两块数字电路芯片所绘制的三人表决器的电路原理图。

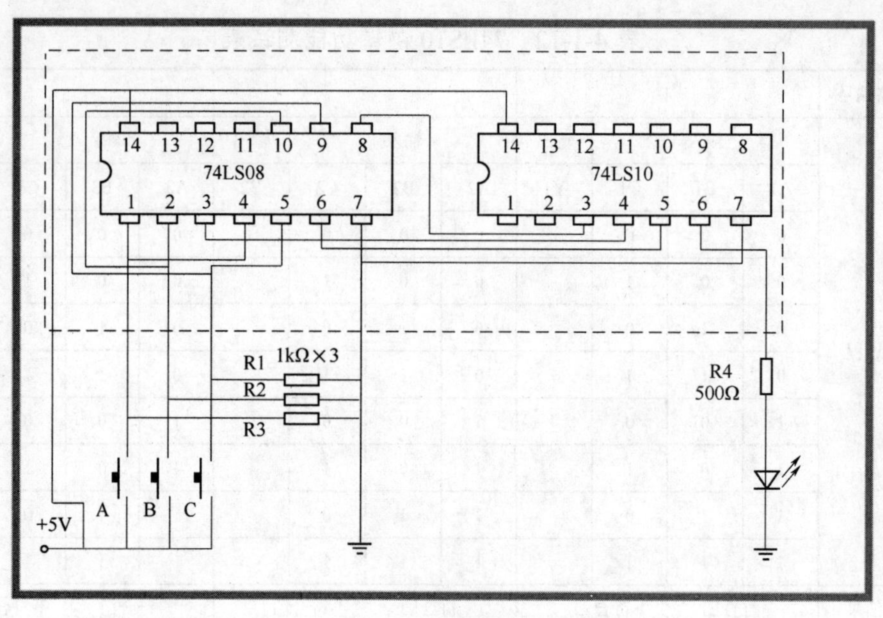

图 4-1-32 三人表决器电路原理图

2) 电路搭接设备清单

表 4-1-13 所列是搭接一个如图 4-1-32 所示的三人表决器所需要准备的元器件清单。

表 4-1-13 三人表决器元器件清单

序号	名称	型号	数量	单位
1	数字电路实验箱	DICE-D8Ⅱ	1	个
2	IC 芯片	74LS08	1	只
3	IC 芯片	74LS10	1	只
4	电阻 R_1～R_3	1kΩ	3	只
5	电阻 R_4	500Ω	1	只

3) 完成三人表决器电路搭接

搭接步骤如图 4-1-33 所示。

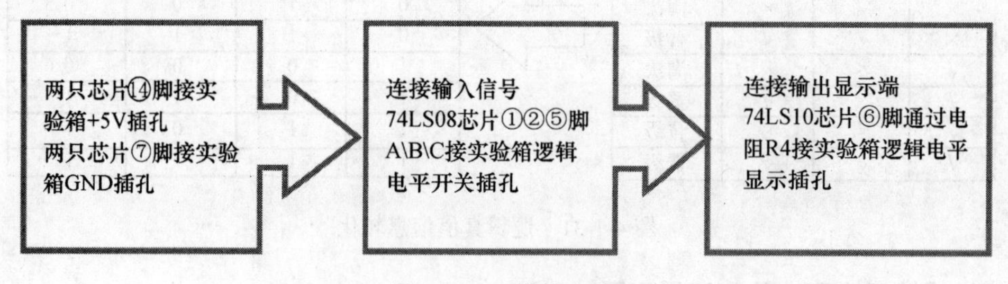

图 4-1-33 搭接步骤

4) 验证三人表决器电路功能

按下 A、B、C 中的一个按钮或同时按下其中的两个、三个按钮，观察发光二极管的发光情况，测试电路是否能正确实现电路要求的功能。

5) 电路故障分析

对无法正确实现电路功能的电路进行分析，并应用万用表、示波器对电路关键连接点进行电压和波形检测，以确定故障部位和故障元件，并进行修复。

知识拓展

第一部分：模拟信号与数字信号

自从有了 MP3，磁带播放机已经逐步淡出了人们的生活。在磁带时代，有声信息都记录在磁带上，通过磁带播放机(收录机)把声音还原播放出来，其原理如图 4-1-34 所示，收录机磁带舱里的磁头与磁带接触，读取其中的声音信息，通过放大器的放大，该信号就可能驱动扬声器发出声音，将磁带所记录的声音还原出来。在这个过程中，存储、采集、放大、重放的都是连续放大的信号，这就是模拟信号。

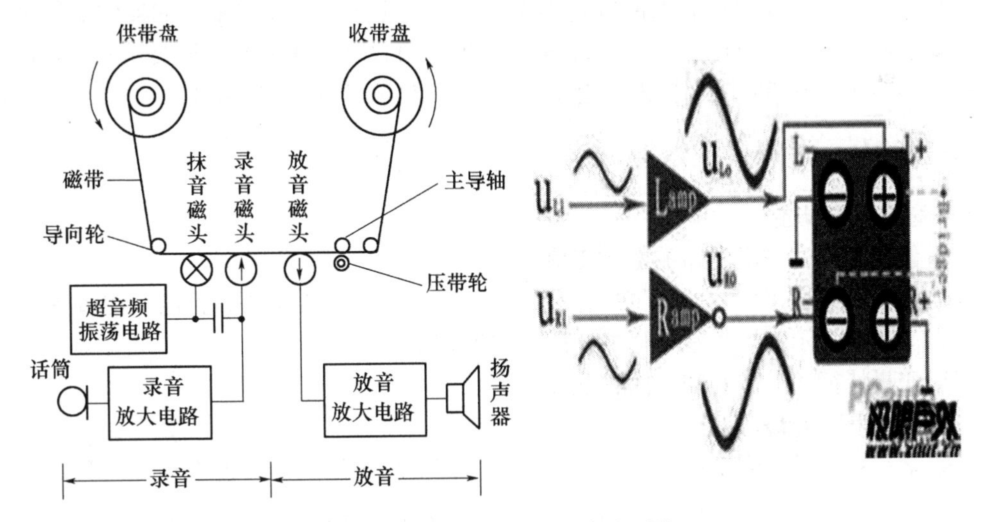

图 4-1-34　磁带声音播放原理图

模拟信号是一类幅度随时间连续变化的信号，如果把模拟信号中的一小段取出，如图 4-1-35 所示，并以时间顺序把这段信号分成 N 份，于是任一时间刻都会对应一个幅度

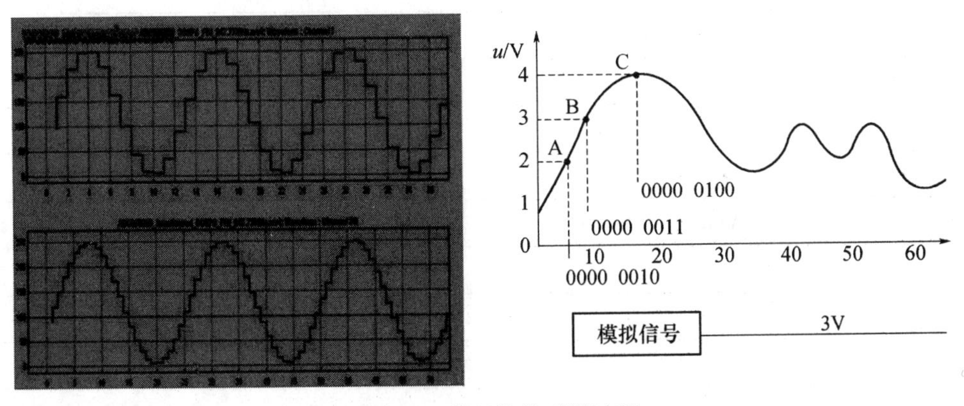

图 4-1-35　模拟信号采样过程

值，每一个幅值用 0 和 1 数字表示出来，就是数字信号。*N* 值越大，信号就越逼真，如此一来，来自于磁带的模拟信号，就可以转换为一串串的数字代表了，一首完整音乐的模拟信号也就可以由类似的多串数字来表示，而这些数字串只有 1 和 0 两种数字。如果定义 1 为高电平，0 为低电平，一首完整的音乐就可以用高、低电平来演绎，这就是 MP3 播放机的原理——代表一首音乐的许许多多的 1 和 0 存储在芯片中，重放时把这些 0 和 1 代表的高低电平信号转变为模拟信号即可。

第二部分：进制与逻辑电平

通常使用的十进制数是逢 10 进 1，如 9 加 1 就成了 10，往 10 位上进 1 了。十进制中的 0～9 代表了 10 种状态，由于状态过多不适合在只有高低电平的数字电路中使用，而逢 2 进 1 的二进制数只有 0 和 1 两个数字，非常适合用来代表高低电平，如幅度最小的为 0000，加 1 之后变为 0001，再加 1 进位成了 0010，依此类推。

特别提示：二进制数代表的高低电平没有绝对的电压值，要看具体的器件是什么，有时还要参考器件的供电电压，对于许多+5V 供电的数字器件来说，只要是+2.5V 以上就可视为高电平，+0.8V 以下视为低电平。+0.8～2.5V 之间的为分隔区。

第三部分：逻辑代数运算

1．逻辑代数概述

逻辑代数是研究逻辑电路的数学工具。

逻辑变量：即逻辑代数的变量。在逻辑电路里，输入、输出状态相当于逻辑变量。

逻辑变量的表示：用大写字母 A、B、C 等标记。

逻辑变量特征：只有 0 和 1 两种取值。

2．基本逻辑运算规则

与数学运算一样，数字电路的计算也是有一些定律可循的，如表 4-1-14 所列。

表 4-1-14　数字电路基本逻辑运算规则

基本定律	$A+0=A$	$A\cdot 0=0$	$\overline{\overline{A}}=A$
	$A+1=1$	$A\cdot 1=A$	
	$A+A=A$	$A\cdot A=A$	
	$A+\overline{A}=1$	$A\cdot\overline{A}=0$	
结合律	$(A+B)+C=A+(B+C)$	$(AB)C=A(BC)$	
交换律	$A+B=B+A$	$AB=BA$	
分配律	$A(B+C)=AB+AC$	$A+BC=(A+B)(A+C)$	
摩根定律	$\overline{A\cdot B\cdot C\cdots}=\overline{A}+\overline{B}+\overline{C}\cdots$	$\overline{A+B+C\cdots}=\overline{A}\cdot\overline{B}\cdot\overline{C}\cdots$	
吸收律	$A+A\cdot B=A$		
	$A\cdot(A+B)=A$		
	$A+\overline{A}\cdot B=A+B$		
	$(A+B)\cdot(A+C)=A+BC$		

3．逻辑运算的化简

逻辑代数化简法就是利用逻辑代数的基本公式和规则对给定的逻辑函数表达式进行化简。

(1) 利用公式 A+AB＝A，吸收多余的与项进行化简。例如：

$$F=\overline{A}+\overline{A}BC+\overline{A}BD+\overline{A}E=\overline{A}\bullet(1+BC+BD+E)=\overline{A}$$

(2) 利用公式 $A+\overline{A}B=A+B$，消去与项中多余的的因子进行化简。例如：

$$\begin{aligned}F&=A+\overline{A}B+\overline{B}C+\overline{C}D=A+B+\overline{B}C+\overline{C}D\\&=A+B+C+\overline{C}D=A+B+C+D\end{aligned}$$

第四部分：逻辑门电路新旧符号对照

由于时间的推移，数字电路钟的一些逻辑符号也进行了改变，详细信息如图 4-1-36 所示。

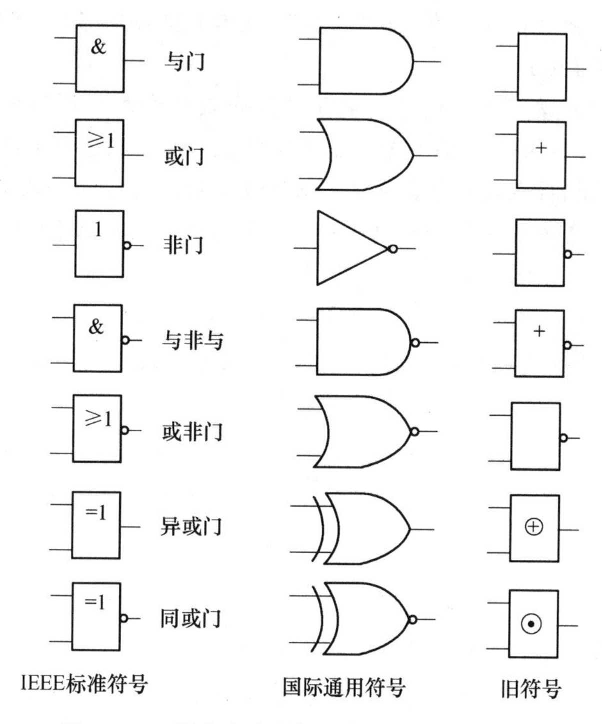

图 4-1-36　数字电路逻辑门电路新旧符号对照图

项目二　制作数字钟

项目描述

对于数字钟，大家再熟悉不过了，给它接上一个电源，它就能一刻不停地、准时准点地走下去，到了整点还会播放一小段优美的音乐。本项目就是在一块PCB电路板上，组装出一个有“时”“分”“秒”（24小时59分59秒）显示，且有校时功能的LED电子钟。

在这个项目的学习中，同学们要了解组合逻辑和时序逻辑电路的基本概念，以及编码器、译码器、触发器的结构及特点。通过数字钟的组装进一步了解数字电路的结构特点及组装、调试，以及故障检测维修的方法与步骤。本项目完成后的收获可不仅仅是一个电子钟，你可能会从此真正走进一个神奇的数字电子的世界。

【项目目标】

(1) 了解组合逻辑电路和时序逻辑电路的基本概念。

(2) 了解常用译码器、触发器、晶振、计数器的类型、符号，以及引脚定义。

(3) 掌握数字钟的电路结构、工作原理和功能调试方法。

(4) 掌握小型数字电子设备的组装、测试及故障检测流程。

(5) 能完成数字钟元器件的安装、焊接及调试电路。

(6) 熟练使用万用表进行设备电压检测和故障检修。

任务一　搭接七段译码显示电路

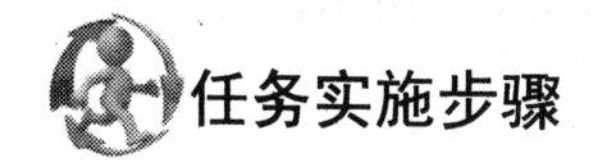

任务实施步骤

第一步：测试译码显示芯片 CD4511
第二步：搭接基本 RS 触发器
第三步：搭接基准时钟电路

第一步：测试译码显示芯片 CD4511

译码显示器是将二进制代码翻译成数字、文字、符号等人们习惯的显示形式并直观地显示出来的电路。

CD4511 芯片是一种常用的七段译码显示器，常用在各种数字电路和单片机的显示系统中。

七段译码显示器是应用最广泛数码显示器，它将 0～9 的 10 个数码通过七段笔画亮灭的不同组合来实现，利用七段数码管，可以显示出由 4 位二进制输入所表示的十进制数。

1．识读译码显示芯片 CD4511 管脚定义

CD4511芯片管脚排列如图4-2-1所示，每个管脚的定义如下：

V_{CC}：供电引脚。

GND：接地脚。

A1～A4：8421BCD码输入端。

a、b、c、d、e、f、g：译码输出端，输出为高电平1有效。

3脚LT：测试输入端，当BI=1，LT=0 时，译码输出全为1，不管输入 DCBA 状态如何，七段均发亮，显示“8”。它主要用来检测数码管是否损坏。

4脚BI：消隐控制端，当BI=0 时，不管其它输入端状态如何，七段数码管均处于熄灭(消隐)状态，不显示数字。

5脚LE：锁定控制端，当LE=0时，允许译码输出。 LE=1时译码器是锁定保持状态，译码器输出被保持在LE=0时的数值。

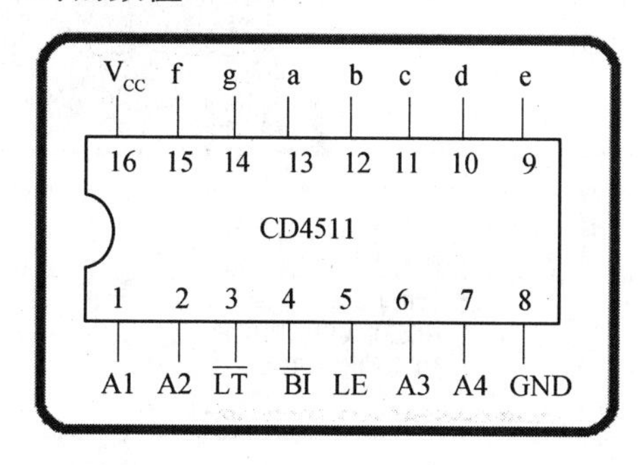

图 4-2-1　CD4511 芯片管脚定义示意图

2. 测试 CD4511 芯片功能

(1) 识读七段译码显示电路连接图，如图 4-2-2 所示。

(2) 完成七段译码显示电路连接及连接步骤，如图 4-2-3 和图 4-2-4 所示。

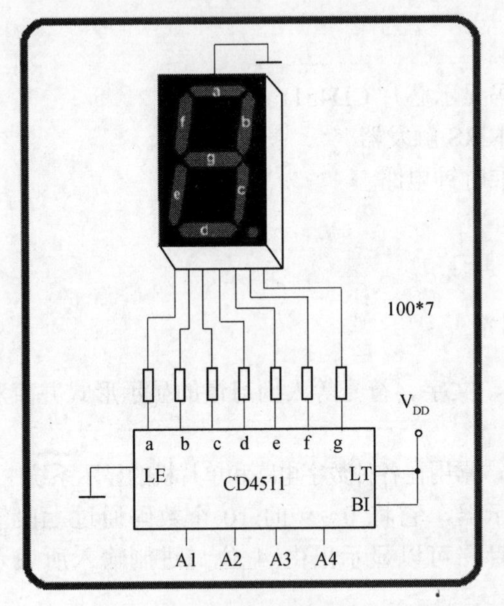

图 4-2-2 CD4511 与七段数码管连接图

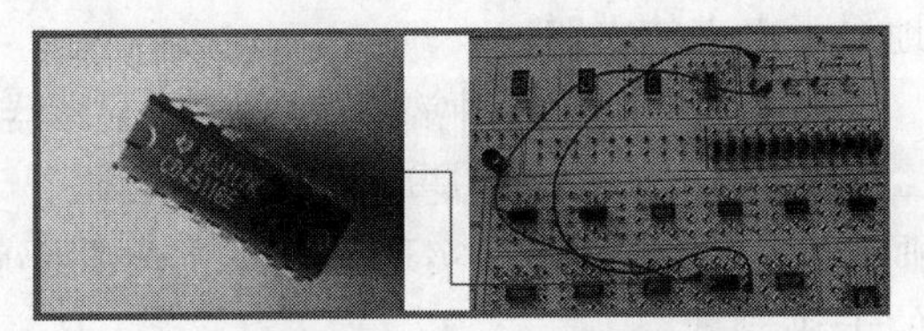

图 4-2-3 CD4511 芯片电源连接图

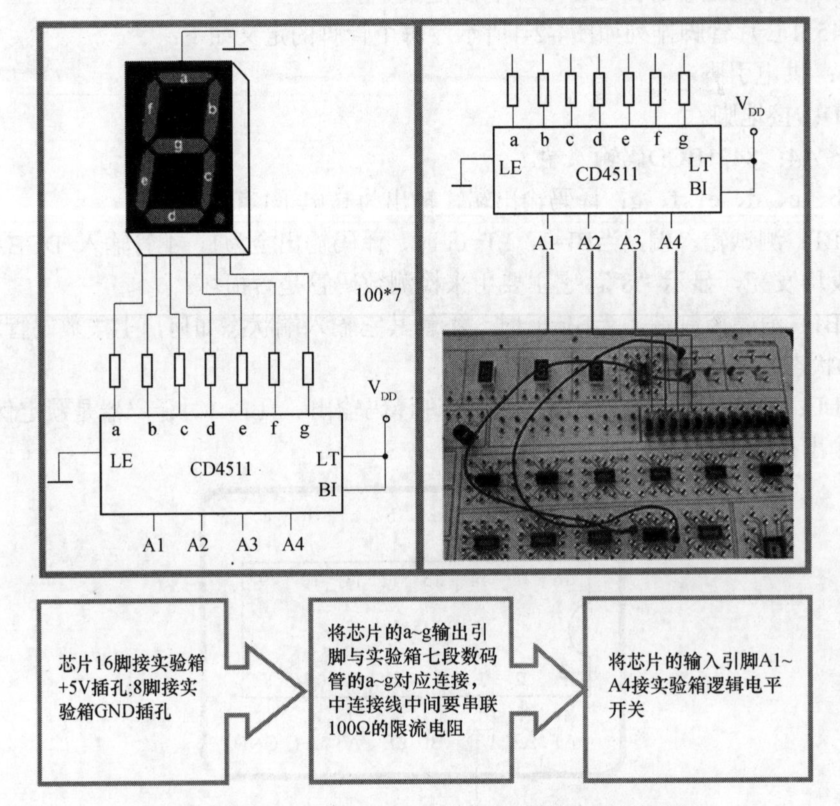

图 4-2-4 CD4511 芯片电平及数码管连接图及连接步骤

(3) 完成七段译码显示电路功能验证。按真值表(表 4-2-1)电平顺序拔动开关，验证输入与输出关系是否一致。

表 4-2-1 CD4511 芯片真值表

功能或十进制数	输入						输出							
	$\overline{LT}$	$\overline{RBI}$	A_3	A_2	A_1	A_0	$\overline{RI}/\overline{RBO}$	a	b	c	d	e	f	g
$\overline{BI}/\overline{RBO}$ (灭灯)	×	×	×	×	×	×	0(输入)	0	0	0	0	0	0	0
$\overline{LT}$ (试灯)	0	×	×	×	×	×	1	1	1	1	1	1	1	1
$\overline{RBI}$ (动态灭零)	1	0	0	0	0	0	0	0	0	0	0	0	0	0
0	1	1	0	0	0	0	1	1	1	1	1	1	1	0
1	1	×	0	0	0	1	1	0	1	1	0	0	0	0
2	1	×	0	0	1	0	1	1	1	0	1	1	0	1
3	1	×	0	0	1	1	1	1	1	1	1	0	0	1
4	1	×	0	1	0	0	1	0	1	1	0	0	1	1
5	1	×	0	1	0	1	1	1	0	1	1	0	1	1
6	1	×	0	1	1	0	1	0	0	1	1	1	1	1
7	1	×	0	1	1	1	1	1	1	1	0	0	0	0
8	1	×	1	0	0	0	1	1	1	1	1	1	1	1
9	1	×	1	0	0	1	1	1	1	1	0	0	1	1
10	1	×	1	0	1	0	1	0	0	0	1	1	0	1
11	1	×	1	0	1	1	1	0	0	1	1	0	0	1
12	1	×	1	1	0	0	1	0	1	0	0	0	1	1
13	1	×	1	1	0	1	1	1	0	0	1	0	1	1
14	1	×	1	1	1	0	1	0	0	0	1	1	1	1
15	1	×	1	1	1	1	1	0	0	0	0	0	0	0

第二步：搭接基本 RS 触发器

触发器是一种具有记忆功能的二进制信息存储器件，是构成多种时序电路的最基本逻辑单元。

触发器有三个基本特性：

(1) 触发器有两个稳态，可分别表示二进制数码 0 和 1，无外触发时可维持稳态。

(2) 在外触发下，两个稳态可相互转换（称翻转）。

(3) 触发器有两个互补输出端。

触发器按电路结构可分为基本触发器、同步触发器、边沿触发器等；按逻辑功能可分为 RS 触发器、JK 触发器、D 触发器、T 触发器等类型。

1. 识读基本 RS 触发器电路原理图

电路构成：由两个与非门交叉耦合组成，如图 4-2-5 所示。

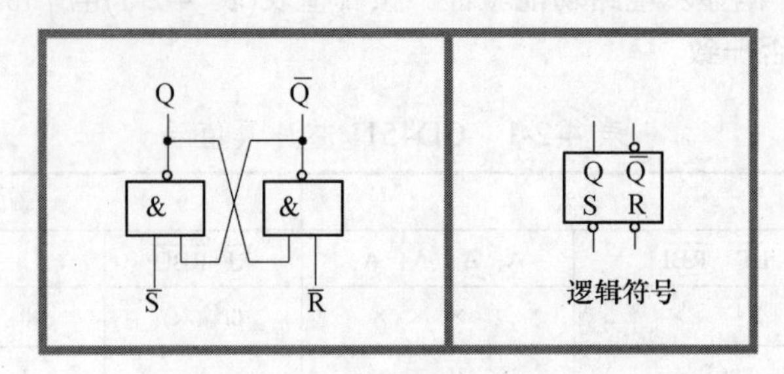

图 4-2-5　基本 RS 触发器电路原理图

输入端：R 非(复位端)和 S 非(置位端)，低电平有效。

输出端：Q 和 Q 非(Q 和 Q 非表示两个输出端状态相反，是一对互补的输出状态)。

真值表：如表 4-2-2 所列。

表 4-2-2　基本 RS 触发器逻辑真值表

$\overline{R}$	$\overline{S}$	Q^n	Q^{n+1}	说　明
0	0	0	×	触发器状态不定
0	0	1	×	
0	1	0	0	触发器置 0
0	1	1	0	
1	0	0	1	触发器置 1
1	0	1	1	
1	1	0	0	触发器保持原状态不变
1	1	1	1	

基本 RS 触发器的两个稳定状态

由 Q 端的状态决定触发器的状态：

当 Q=1，Q 非=0 时，则称触发器为 1 状态(此时 R 非=1)；

当 Q=0，Q 非=1 时，则称触发器为 0 状态(此时 R 非=0)。

2．识读与非门芯片 74LS00

与非门芯片 74LS00 全称为“四二输入与非门电路 74LS00”。

74LS00 芯片内部集成了 4 个独立的与非门电路，如图 4-2-6 所示。

Vcc：供电引脚。

GND：接地脚。

A1～A4、B1～B4 脚：输入脚。

Y1～Y4 脚：输出脚。

3．搭接触发器电路

从 74LS00 芯片中任意选择两个与非门组合成基本 RS 触发器电路，如图 4-2-7 所示。

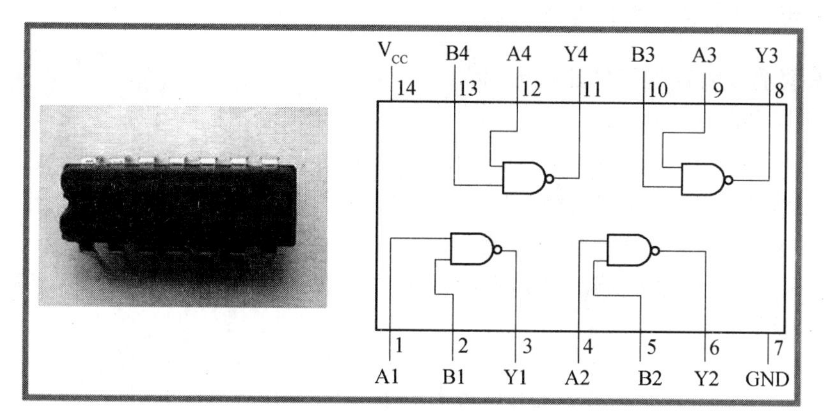

图 4-2-6　与非门芯片 74LS00 管脚定义示意图

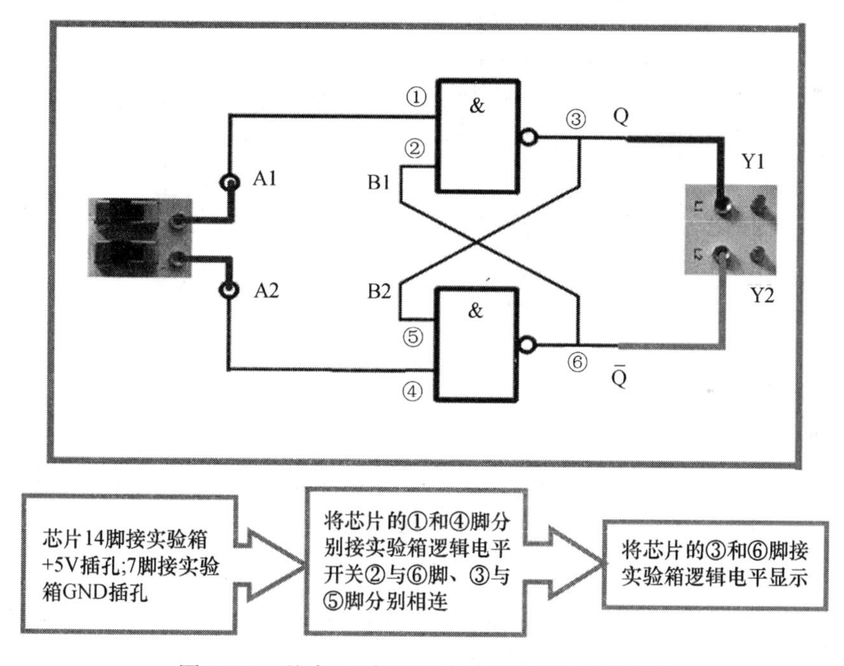

图 4-2-7　基本 RS 触发器电路接线图及连接步骤

4．验证基本 RS 触发器的逻辑功能

按真值表拔动逻辑电平开关，观察 Q 和 Q 非的输出逻辑电平显示灯是否与表 4-2-3 相符。

表 4-2-3　基本 RS 触发器的逻辑功能

A	B	Q	$\bar{Q}$
0	1	0	1
1	0	1	0
1	1	保持前一个状态	

第三步：搭接基准时钟电路

1．识读基准时钟电路的组成元件

1) 实时晶振 32.768kHz

晶振是利用石英晶体的压电效应制成的一种谐振器件，它的基本构成大致是：从一块石英晶体上按一定方位角切下薄片(简称为晶片，它可以是正方形、矩形或圆形等)，在它的两个对应面上涂敷银层作为电极，在每个电极上各焊一根引线接到管脚上，再加上封装外壳就构成了石英晶体谐振器，简称为石英晶体或晶振。实物图及逻辑符号如图 4-2-8 所示。

> 32.768kHz 晶振常用在实时时钟电路中（计时电路），所以又称为实时晶振。

图 4-2-8　实时晶振实物图及电路符号

2) 计数器 CD4060

> 能够累计输入脉冲个数的数字电路称为计数器。CD4060 由一个振荡器和 14 级二进制串行计数器组成。其管脚排列如图 4-2-9 所示。

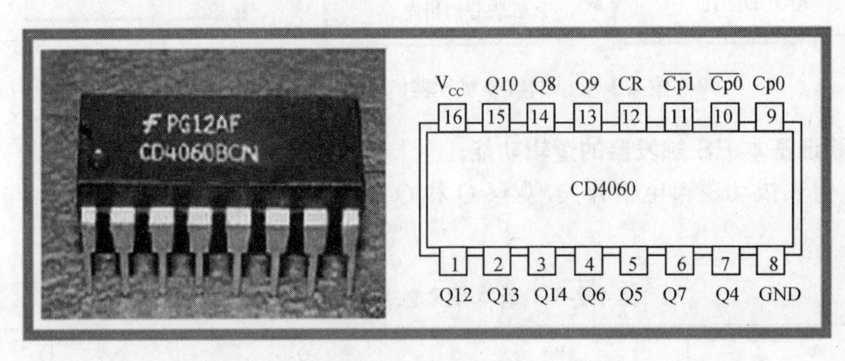

图 4-2-9　CD4060 芯片管脚定义示意图

V_{CC}(16 脚)：电源端。

GND(8 脚)：接地。

Q4～Q14(1～7，13～15 脚)：为计数输出端、电路中 Q14 输出的频率应为 2Hz。

CP0、CP1(10、11 脚)：振荡信号输入脚。

CR(12 脚)：清零脚。

2．搭接基准时钟电路

1) 电路构成

基准时钟电路由 14 级二进制串行计数器 CD4060、32.768kHz 的晶体振荡器、相应阻值的电阻、电容构成，石英晶体振荡器构成秒脉冲电路，如图 4-2-10 所示。

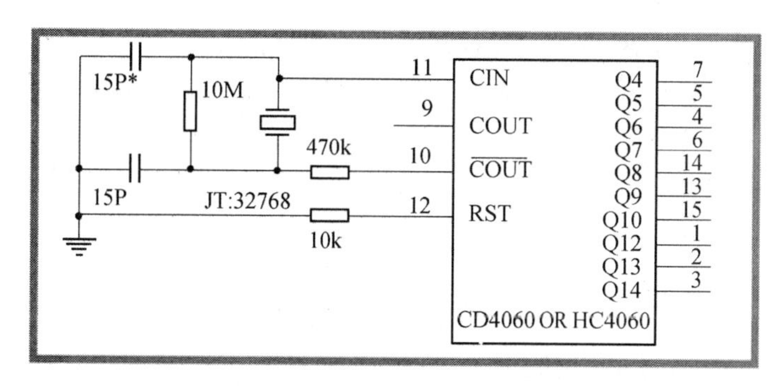

图 4-2-10　CD4060 芯片基准时钟电路原理图

2) 基准时钟电路原理

将 32.768kHz 的晶体振荡器产生的振荡信号，经过 CD4060 内部的逻辑电路进行的 14 级分频后，在 Q14 输出端得到 2Hz 的脉冲信号。

3) 完成基准时钟电路连接

在数字电路实验箱上搭接基准时钟电路，将芯片 CD4060 的 16 脚接实验箱+5V 电源，8 脚接 GND，3 脚(Q14)接实验箱逻辑电平显示，如图 4-2-11 所示。

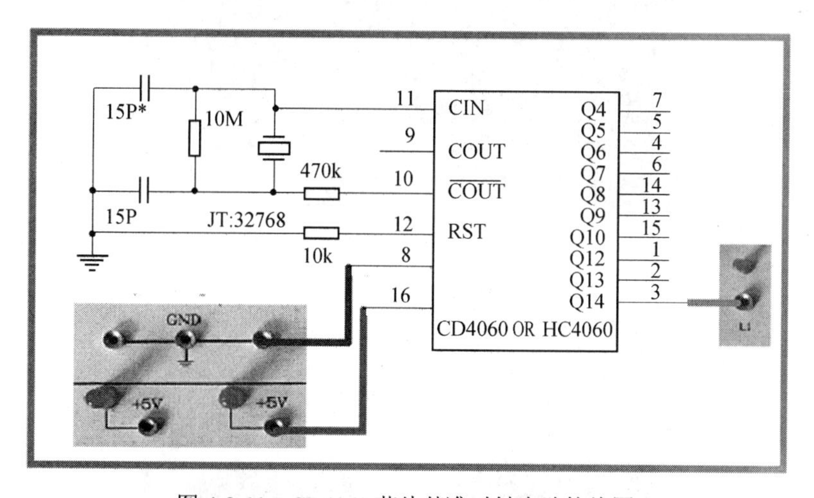

图 4-2-11　CD4060 芯片基准时钟电路接线图

3．检测基准时钟电路功能

打开电源开关，观察二极管指示灯的发光状态，用示波器检测第 3 脚(Q14 脚)的输出波形和频率值是否符合基准时钟电路的要求。

任务二　组装 LED 数字电子钟

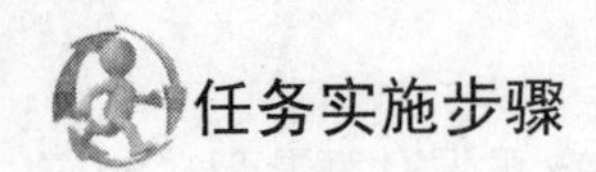

任务实施步骤

第一步：清点并检测 LED 数字电子钟元器件

第二步：组装调试 LED 数字电子钟

第三步：进行 LED 数字电子钟电路分析

LED 数字电子钟简介

如图 4-2-12 所示的数字电子钟是采用集成芯片的电子电路实现对时、分、秒进行数字显示的计时装置，主要是利用电子技术将时钟电子化、数字化，拥有时间精确、体积小、课扩展性能强等特点，广泛应用于生活中。其所含套件如图 4-2-13 所示。

图 4-2-12　LED 数字电子钟实物图

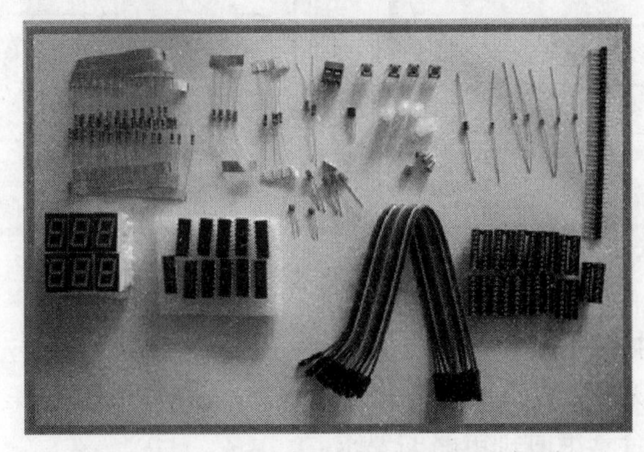

图 4-2-13　LED 数字电子钟套件实物图

第一步：清点并检测 LED 数字电子钟元器件

1) 按元件清单清点套件元件并进行初步检测

将材料袋里面的元器件对照表 4-2-4 所列的内容进行清点，识别元器件。

表 4-2-4　数字电子钟套件元器件清单

序号	元件名称	型号/规格	数量	备注
1	八段数码管	SM4205	6	测量好坏
2	色环电阻	100Ω	45	测量好坏
3	色环电阻	1kΩ	2	测量好坏
4	色环电阻	10kΩ	5	测量好坏
5	色环电阻	1MΩ	5	测量好坏
6	色环电阻	10MΩ	2	测量好坏
7	二极管	IN4007	1	测量好坏
8	二极管	IN4148	6	测量好坏
9	发光二极管	——	4	测量好坏
10	三极管	8550	1	测量好坏
11	晶振	32.768kHz	1	测量好坏
12	瓷片电容	33pF	2	测量好坏
13	集成芯片	CD4511BE	6	静态打阻检测
14	集成芯片	CD4518BE	3	静态打阻检测
15	集成芯片	CD4060BE	1	静态打阻检测
16	集成芯片	CD4040BE	1	静态打阻检测
17	触发开关	——	4 个	——
18	双线接线柱	——	1 个	——
19	单线插线柱	——	32 个	——
20	连招导线	——	16 条	——

2) 识读集成芯片 CD4518

CD4518 是一个双 BCD 同步加法计数器，内部由两个同步 4 级计数器组成。其管脚排列如图 4-2-14 所示。

CLOCK A、CLOCK B：时钟输入端。

RESET A、RESET B：清零端。

ENABLE A、ENABLE B：计数允许控制端。

Q1A-Q4A：计数器 A 输出端。

Q1B-Q4B：计数器 B 输出端。

VDD：正电源。

VSS：接地。

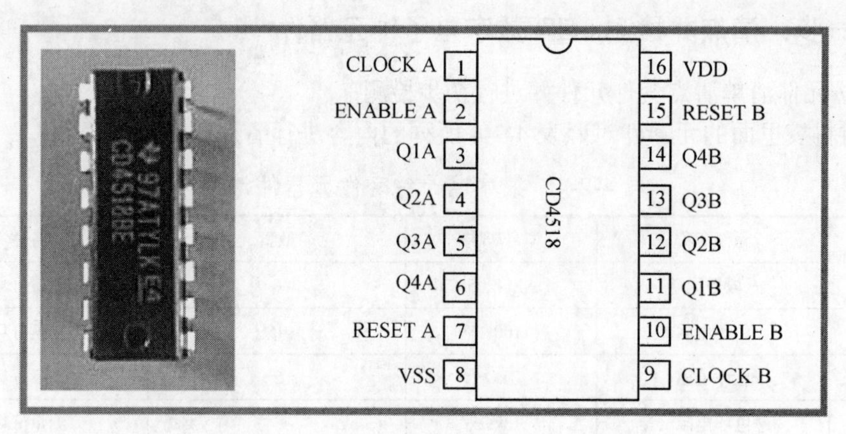

图 4-2-14 CD4518 芯片管脚定义示意图

3) 识读集成芯片 CD4040

CD4040 为二进制串行计数器，其管脚排列如图 4-2-15 所示。

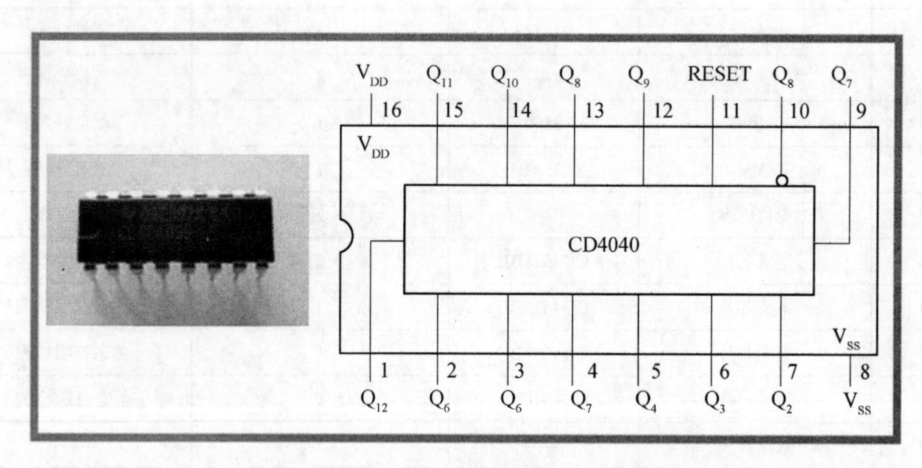

图 4-2-15 CD4040 芯片管脚定义示意图

10 脚：时钟输入端。

11 脚：清除端。

Q1～Q12：计数器脉冲输出端。

V_{DD}：正电源。

V_{SS}：接地。

第二步：组装调试 LED 数字电子钟

1. 熟悉 LED 数字电子钟线路板

对照图 4-2-16 所示的电路版图，检查材料袋里的电路板图，并识别电路板的类型。

2. 安装并焊接 LED 数字电子钟元器件

按线路板图 4-2-17 所示元件标识，将各模块电子元件按安装要求装配焊接在 PCB 板上，如图 4-2-18 所示。

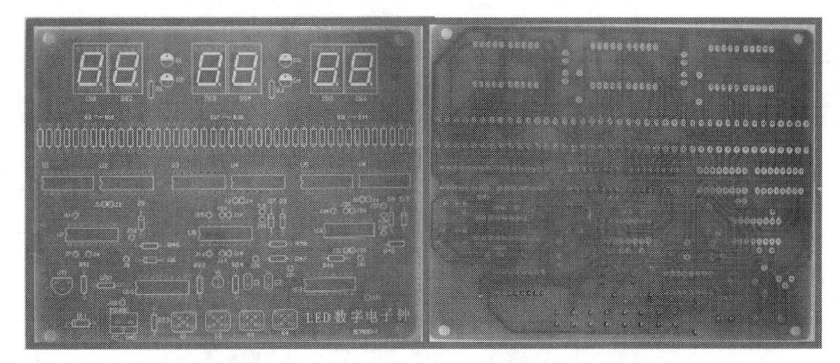

图 4-2-16　LED 数字电子钟线路板实物图

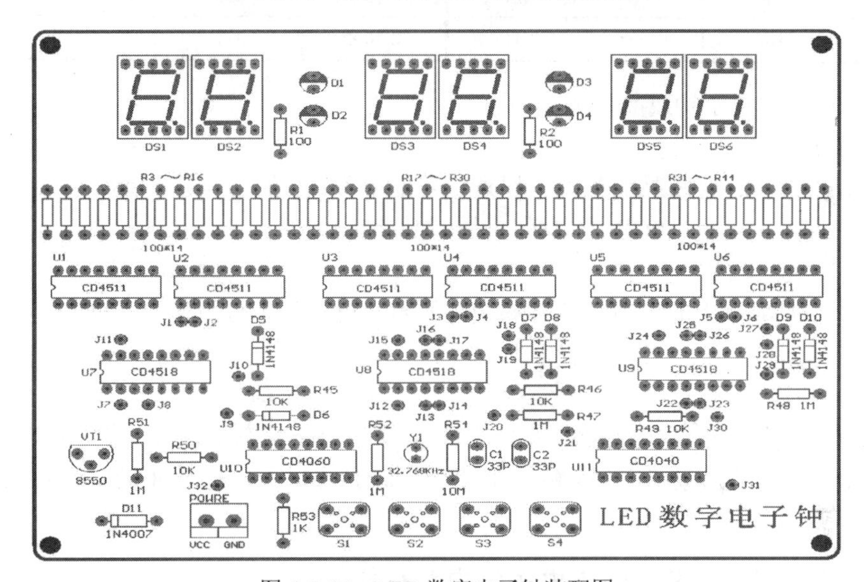

图 4-2-17　LED 数字电子钟装配图

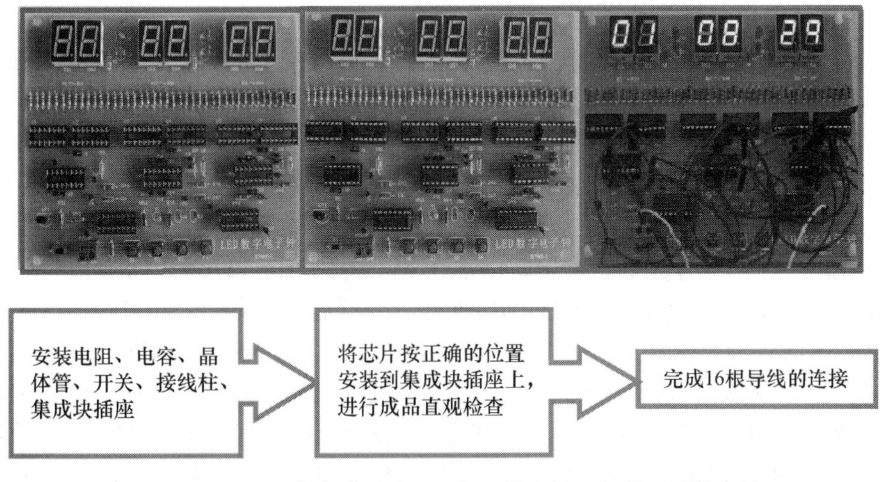

图 4-2-18　LED 数字电子钟元器件安装步骤示意图及连接步骤

在焊接完成的电路板上进行排阵的插接时，可参照表 4-2-5 所列的连接说明进行连接。

表 4-2-5 数字钟套件排线连接说明

连接线	连接点		连接点	连接线	连接点		连接点
第 1 根	J1	⟷	J8	第 9 根	J12	⟷	J30
第 2 根	J2	⟷	J9	第 10 根	J15	⟷	J20
第 3 根	J3	⟷	J13	第 11 根	J16	⟷	J18
第 4 根	J4	⟷	J14	第 12 根	J17	⟷	J19
第 5 根	J5	⟷	J22	第 13 根	J24	⟷	J29
第 6 根	J6	⟷	J23	第 14 根	J25	⟷	J27
第 7 根	J7	⟷	J21	第 15 根	J26	⟷	J28
第 8 根	J10	⟷	J11	第 16 根	J31	⟷	J32

3．LED 数字电子钟成品检测

1) 直观检查

对装配好的数字钟成品的外观、焊点、元件位置、引脚方向进行逐一检查核实，确保无虚焊、连焊、错焊，PCB 无损坏，元件置位准确。

2) 静态检测

用万用表对成品中的供电、信号和相关元器件进行静态打阻检测，确保供电线、信号线无断路和短路。

3) 加电检测

将成品接入稳压电源(电源电压设定为 5V)，观察电路状态是否符合数字钟加电标准。在状态正常时，分别按动 S1～S4 触发开关，调整时、分、秒的显示状态，并与实时时间进行对照，确定成品品质。

第三步：进行 LED 数字电子钟电路分析

1．LED 数字电子钟的电路组成

LED 数字电子钟由计时基准信号发生电路、秒信号产生电路、十进制计数电路、译码驱动电路、数码管显示电路、秒闪指示灯电路及调时开关等组成，电路正常工作时从左至右依次显示小时、分钟及秒钟。

2．LED 数字电子钟的工作原理

电路计时振荡频率采用了32.768kHz的晶体振荡器，通过14位二进制串行计数器U10(CD4060)进行14级分频后，在3脚(内部Q14)上得到2Hz($32768/2^{14}$)的计时基准信号，送至12位二进制串行计数器U11(CD4040)进行二分频后，在9脚(内部Q1)上得到1Hz的秒基准信号，该信号输出分两路，一路通过R50送至VT1，放大后作为D1～D4秒闪指示灯驱动信号；另一路送至双BCD码同步加法计数器U9(CD4518)，经过其加法计数后得到相应的两路二进制BCD码，分别送至译码显示驱动电路U5、U6(CD4511)，从而使得数码管DS5、DS6正常显示秒时钟数字，分和时的数字显示原理与秒时钟相同，其中二极管D5和D6、D7和D8、D9和D10构成与门电路，充分保证小时的显示是逢24进位并清0，分钟和秒钟的显示是逢60进位并清0。其电路组成如图4-2-19所示，电路原理图如图4-2-20所示。

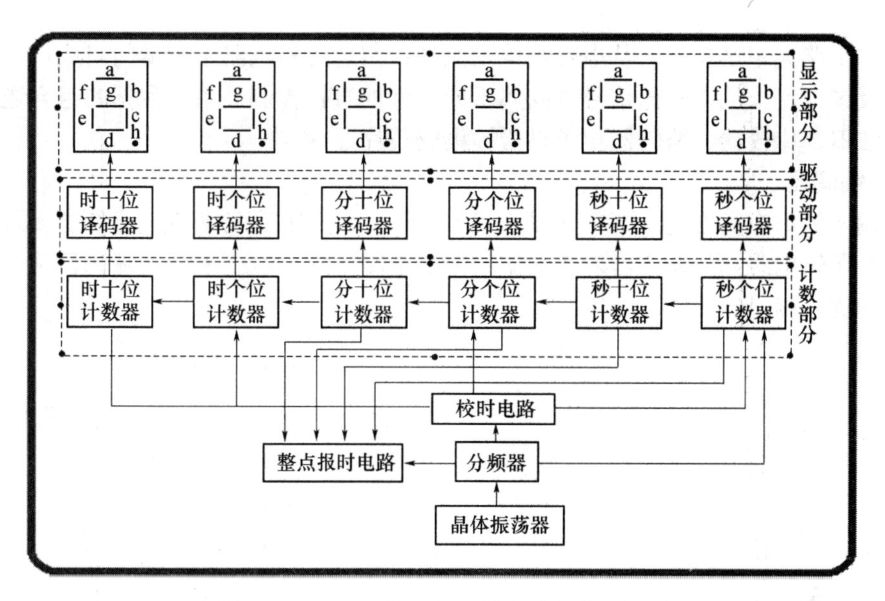

图 4-2-19　LED 数字电子钟电路组成方框图

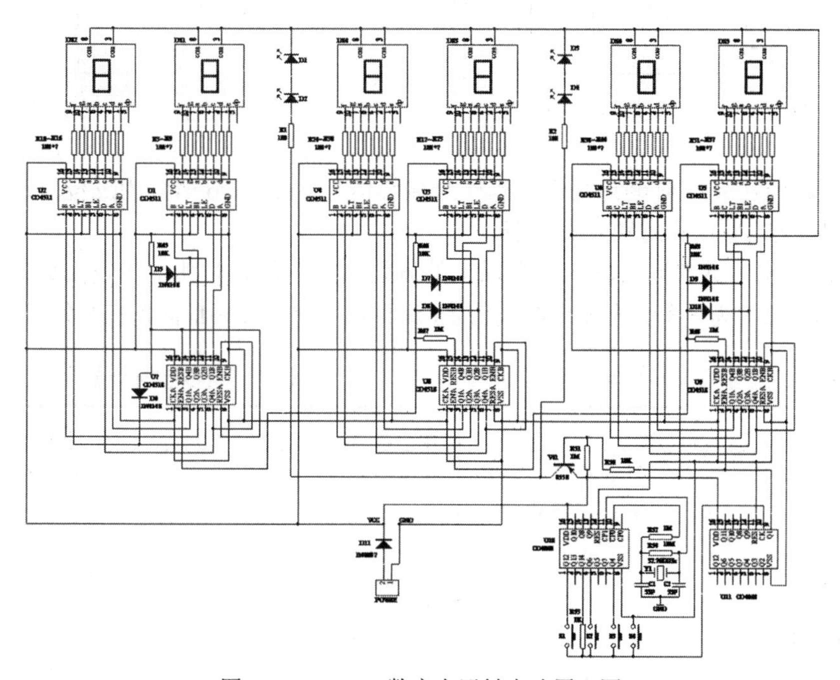

图 4-2-20　LED 数字电子钟电路原理图

知识拓展

第一部分：组合逻辑电路

组合逻辑电路是指在任一时刻，电路的输出状态仅取决于该时刻各输入状态的组合，而与电路的原状态无关的逻辑电路，如图 4-2-21 所示。其特点是输出状态与输入状态呈即时性，电路无记忆功能。从电路结构上来说：组合逻辑电路由逻辑门组成，不含任何形式的反馈电路，输入输出信号之间属于即时性的直接控制关系。常见的组合逻辑电路包括加法器、比较器、编码器和译码器等集成芯片。

1．编码器

将输入的每个高/低电平信号变成一个对应的二进制代码称为编码。能够实现编码功能的组合逻辑电路称为编码器，其工作原理示意图如图 4-2-22 所示；编码器又分为普通编码器和优先编码器。

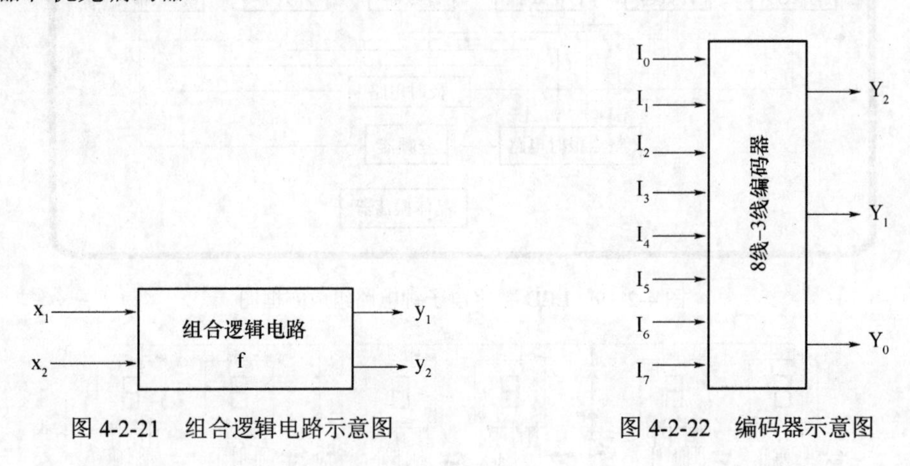

图 4-2-21　组合逻辑电路示意图

图 4-2-22　编码器示意图

普通编码器：任何时刻只允许输入一个编码信号，表 4-2-6 所列为三位二进制普通编码器(8-3 编码器)原理示意图及真值表。

优先编码器：允许同时输入两个以上的编码信号，但只对其中优先权最高的一个进行编码。表 4-2-7 为 8-3 优先编码器真值表(设 I_7 优先权最高…I_0 优先权最低)。

表 4-2-6　普通编码器真值表

输入								输出		
I_0	I_1	I_2	I_3	I_4	I_5	I_6	I_7	Y_2	Y_1	Y_0
1	0	0	0	0	0	0	0	0	0	0
0	1	0	0	0	0	0	0	0	0	1
0	0	1	0	0	0	0	0	0	1	0
0	0	0	1	0	0	0	0	0	1	1
0	0	0	0	1	0	0	0	1	0	0
0	0	0	0	0	1	0	0	1	0	1
0	0	0	0	0	0	1	0	1	1	0
0	0	0	0	0	0	0	1	1	1	1

表 4-2-7　优先编码器真值表

输入								输出		
I_0	I_1	I_2	I_3	I_4	I_5	I_6	I_7	Y_2	Y_1	Y_0
×	×	×	×	×	×	×	1	1	1	1
×	×	×	×	×	×	1	0	1	1	0
×	×	×	×	×	1	0	0	1	0	1
×	×	×	×	1	0	0	0	1	0	0
×	×	×	1	0	0	0	0	0	1	1
×	×	1	0	0	0	0	0	0	1	0
×	1	0	0	0	0	0	0	0	0	1
1	0	0	0	0	0	0	0	0	0	0

2．译码器

将含有特定意义的一组二进制代码按其所代表的原意翻译成对应输出高低电平信号称为译码，具有这种功能的逻辑电路称为译码器。根据逻辑功能不同，译码器可分为二进制译码器、二十进制译码器、代码转换器、显示译码器等。

二进制译码器就是将输入的二进制代码译成相对应的输出信号的电路。图 4-2-23 所示为 3-8 二进制译码器 74LS38 的引脚定义及逻辑功能示意图，其中 A0～A2 为信号输入引脚，Y0～Y7 为输出引脚，ST_A ST_B ST_C 为控制引脚。

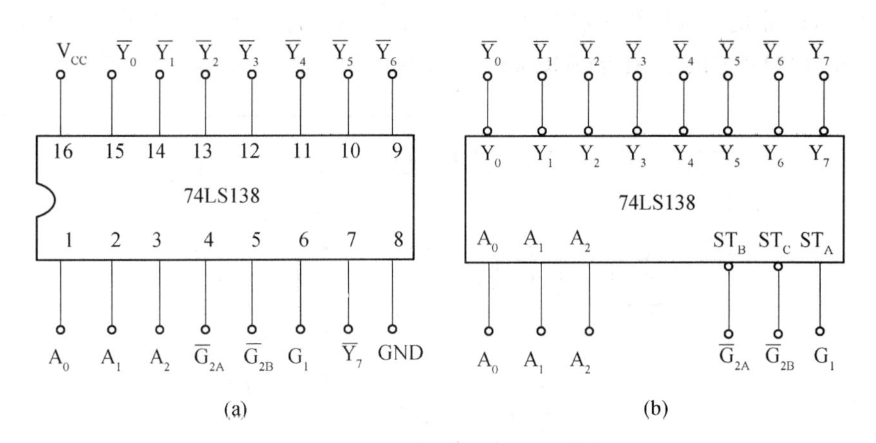

图 4-2-23 3-8 二进制译码器管脚图

(a) 引脚排列图；(b) 逻辑功能示意图。

第二部分：时序逻辑电路

时序逻辑电路是另一种重要的数字逻辑电路，它与组合逻辑电路的功能特点不同。时序逻辑电路的任意时刻的输出不仅取决于该时刻的输入，而且还和电路原来的状态有关，所以时序电路具有记忆功能。时序逻辑电路从结构上包含组合逻辑电路和由触发器组合而成的存储电路，其结构如图 4-2-24 所示。

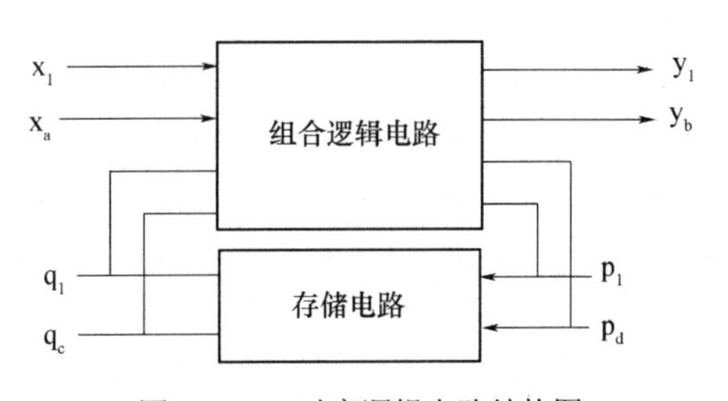

图 4-2-24 时序逻辑电路结构图

1．触发器

触发器是一个具有记忆功能的二进制信息存储器件，是构成多种时序电路的最基本逻辑单元。触发器有三个基本特性：①触发器有两个稳态，可分别表示二进制数码 0 和 1，无外触发时可维持稳态；②在外触发下，两个稳态可相互转换(称翻转)；③触发器有两个互补输出端。触发器按电路结构的不同，可划分为基本触发器、同步触发器、边沿触发器等；按逻辑功能的不同，可以划分为 RS 触发器、JK 触发器、D 触发器、T 触发器等类型。

1) 基本 RS 触发器

基本 RS 触发器的电路结构及符号如图 4-2-25 所示，它由两个与非门交叉耦合组成，有两输入端(触发端)R 非和 S 非。基本 RS 触发器有两个稳定的状态：一个是 Q=1，Q 非=0 的 1 状态(Q、Q 非分别表示触发器的同相和反相输出端，如果 Q 端输出为 1，则称触发器为 1 状态，如果 Q 端输出为 0，则称触发器为 0 状态)；另一个是 Q=0，Q 非 =1 的 0 状态。正常工作时，Q 和 Q 非是一对互补的输出状态。两个输入端 R 非和 S 非中，使 Q=1 的输入端称置位端(Set)，使 Q=0 的端称复位端(Reset)，S 非端称置位端， R 非端称复位端。

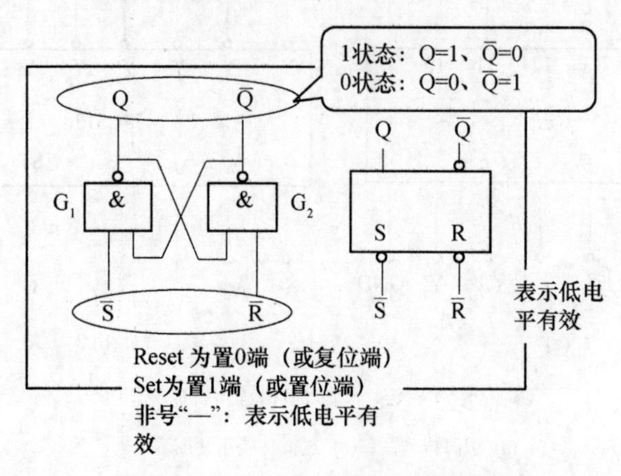

图 4-2-25　与非门组成的 RS 触发器

图 4-2-25 所示的 RS 触发器用的是与非门，有效触发器输入端所有可能出现的信号和相应的输出端的状态列成一个表，称为触发器的特性表或功能表，如表 4-2-8 所列。

表 4-2-8　RS 触发器功能表

$\overline{R}$	$\overline{S}$	Q^n	Q^{n+1}	说　明
0	0	0	×	触发器状态不定
0	0	1	×	
0	1	0	0	触发器置 0
0	1	1	0	
1	0	0	1	触发器置 1
1	0	1	1	
1	1	0	0	触发器保持原状态不变
1	1	1	1	

现态：指触发器输入信号变化前的状态，用 Q^n 表示。

次态：指触发器输入信号变化后的状态，用 Q^{n+1} 表示。

特性表：次态 Q^{n+1} 与输入信号和现态 Q^n 之间关系的真值表。

2) 同步 RS 触发器

基本 RS 触发器的触发方式为逻辑电平直接触发。在实际工作中，要求触发器按统一的节拍进行状态更新。同步触发器(时钟触发器或钟控触发器)是具有时钟脉冲 CP 控制的触发器。该触发器状态的改变与时钟脉冲同步。同步触发器的电路结构及符号如图 4-2-26 所示。

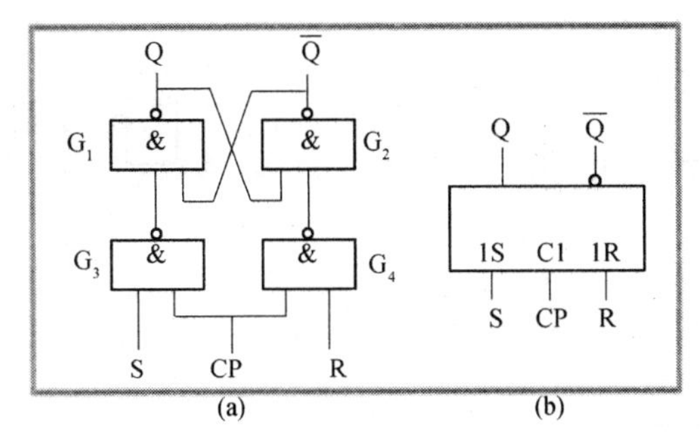

图 4-2-26　同步触发器的电路结构及符号

CP：控制时序电路工作节奏的固定频率的脉冲信号，一般是矩形波。

同步触发器的状态更新时刻受 CP 输入控制，触发器更新为何种状态由触发输入信号决定。

3) 主从型 RS 触发器

主从型 RS 触发器电路结构及符号如图 4-2-27 所示。它由两个结构相同的门控 RS 触发器组成，分别称为主触发器(左)和从触发器(右)。主和从触发器分别由两个相位相反的时钟信号 CP、CP 非控制。当 CP=1 时，主触发器工作，接收输入信号，从触发器由于 CP 非=0 不工作而保持原态不变；当 CP 下降沿(由 1 变为 0)到来时，主触发器不工作，保持下降沿到来时那一刻的状态不变，从触发器工作，接收主触发器的信号，由于主触发器的输出状态保持不变，因而实现了在一个 CP 脉冲期间输出状态只变化一次。

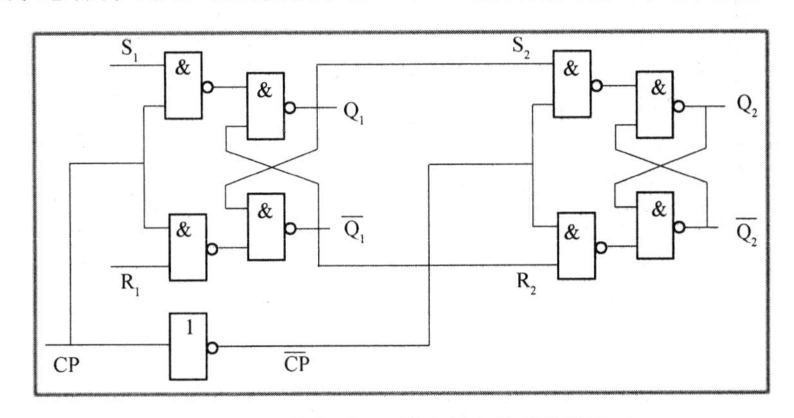

图 4-2-27　主从型 RS 触发器电路结构及符号

4) 主从型 JK 触发器

主从型 JK 触发器如图 4-2-28 所示，它在主从型 RS 触发器的基础上加上适当连线构成，它将从触发器的输出 Q 和 Q 非分别接回至主触发器接收门的输入端，输入信号命名 S_1 改为 J 和 R_1 改为 K。

2．寄存器和移位寄存器

在数字系统中，常需要一些数码暂时存放起来，这种暂时存放数码。一个触发器可以寄存 1 位二进制数码，要寄存几位数码，就应具备几个触发器，此外，寄存器还应具有由门电路构成的控制电路，以保证信号的接收和清除。图 4-2-29 为 CC4060 寄存器的内部结构图，CC4046 是三态输出的 4 位寄存器，能寄存 4 位二值代码。

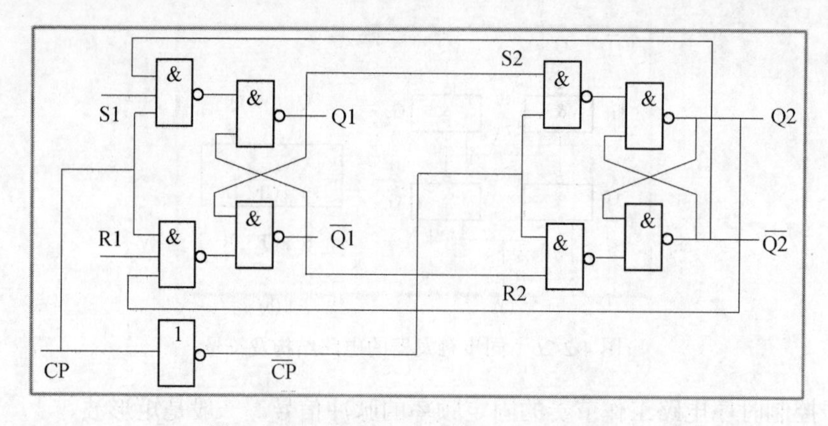

图 4-2-28　主从型 JK 触发器内部电路图

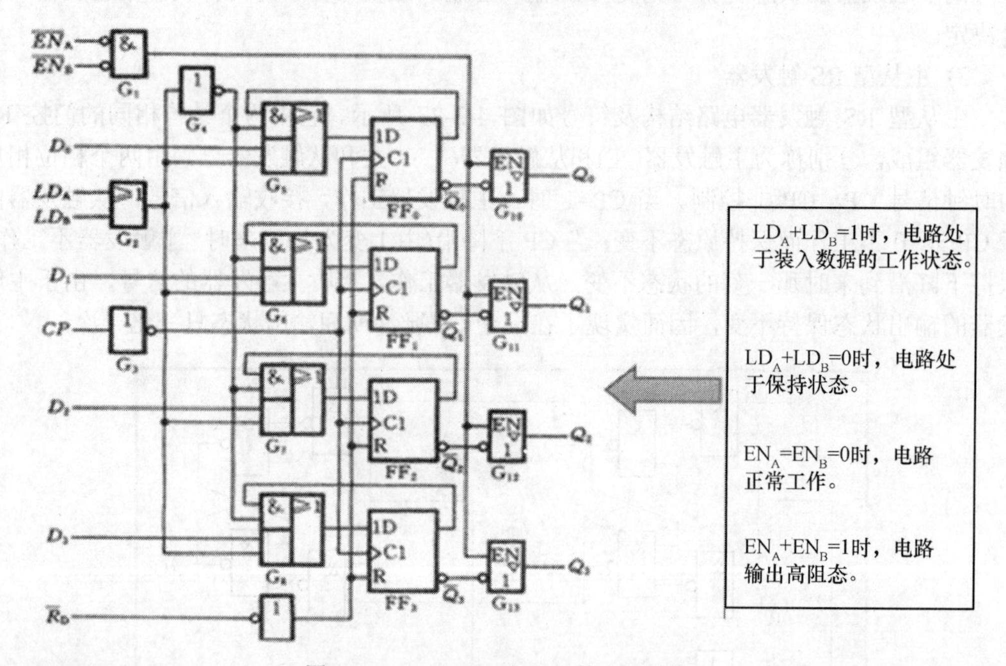

图 4-2-29　CC4060 寄存器的内部结构

移位寄存器除了具有寄存数码的功能外，还具有移位功能，即在移位脉冲作用下，能够把寄存器中的数依次向右或向左移。它是一个同步时序逻辑电路。

3. 计数器

能够累计输入脉冲个数的数字电路称为计数器，它含有若干个触发器，并按预定顺序改变各触发器的状态，是应用较广泛的时序电路。

计数器的作用：用于对时钟脉冲计数，还可用于定时、分频、产生节拍脉冲、进行数字运算等。

计数器的分类：按照各个触发器状态翻转的时间，可分为同步和异步计数器；按照计数过程中数字的增减规律可分为加法、减法和可逆计数器；按照计数器的循环长度可分为二进制和N进制计数器。图 4-2-30 为 4 位同步二进制计数器 74LS161 的内部结构图。

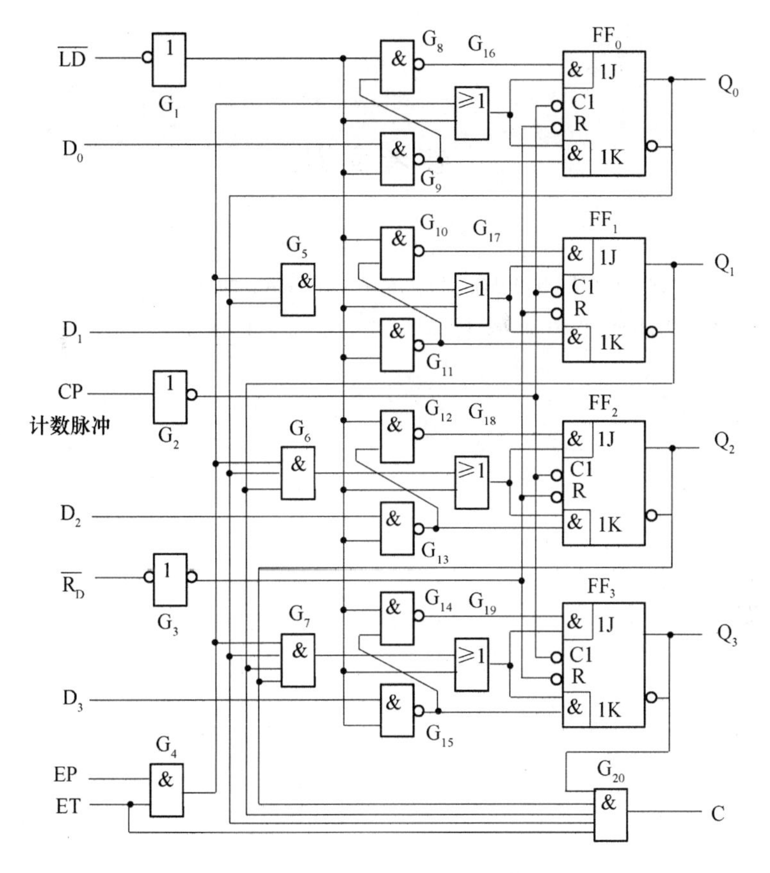

图 4-2-30 74LS161 的内部结构图

图 4-2-31 用 74LS161 构成从 0 开始计数的十进制计数器，令 $D_3D_2D_1D_0$＝0000，可实现从 0 开始计数的十进制计数(0000 到 1001)。

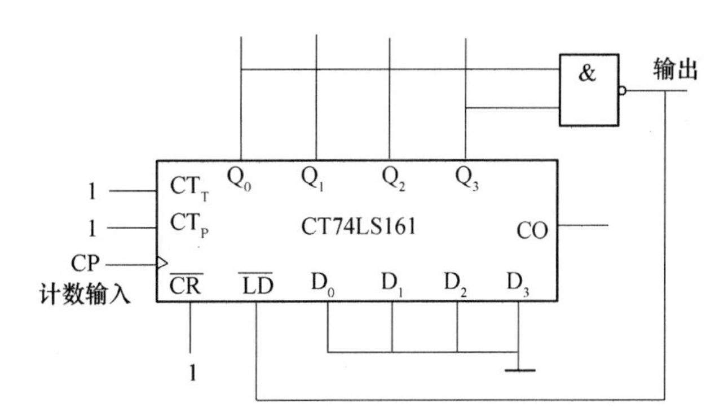

图 4-2-31 十进制计数器电路图

参考文献

[1] 王天曦，李鸿儒，王豫明. 电子技术工艺基础. 北京：清华大学出版社，2009.

[2] 陈雅萍. 电工技术基础与技能. 北京：高等教育出版社，2010.